通俗天文学

[美] 西蒙·纽康 著　汪亦男 译

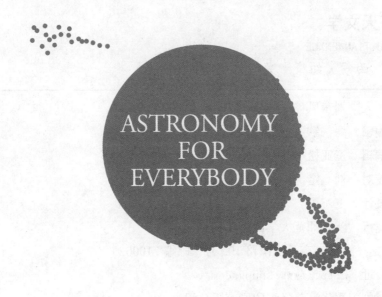

ASTRONOMY
FOR
EVERYBODY

陕西师范大学出版总社

图书代号：SK22N0594

图书在版编目（CIP）数据

通俗天文学 /（美）西蒙·纽康著；汪亦男译 . —西安：
陕西师范大学出版总社有限公司，2022.7
ISBN 978-7-5695-2084-2

Ⅰ.①通…　Ⅱ.①西…　②汪…　Ⅲ.①天文学－普及读物
Ⅳ.① P1-49

中国版本图书馆 CIP 数据核字（2021）第 024676 号

通俗天文学
TONGSU TIANWENXUE

［美］西蒙·纽康　著　　汪亦男　译

出 版 人	刘东风
责任编辑	高 歌
特约编辑	王亚松
责任校对	刘 定
封面设计	王 鑫
出版发行	陕西师范大学出版总社
	（西安市长安南路 199 号　邮编 710062）
网 址	http://www.snupg.com
印 刷	涿州汇美亿浓印刷有限公司
开 本	787mm×1092mm　1/16
印 张	14
字 数	196 千
版 次	2022 年 7 月第 1 版
印 次	2022 年 7 月第 1 次印刷
书 号	ISBN 978-7-5695-2084-2
定 价	69.00 元

目录

ASTRONOMY
FOR
EVERYBODY

第一章

天 体 的 运 行

第一节　宇宙概况 [1]

想象我们从宇宙以外的一个点综观我们赖以生存的宇宙，由此来进入我们的主题。我们必须将这个点选得非常远。为了得到这个距离，我们用光速来度量这个距离。我们所选择的这个媒介——光速，每秒可达 186 000 英里 [2]，也就是说在钟表的两声嘀嗒之间可以绕地球好几圈。如果到远处的这个点光要走上 100 万年的话，那么我们所选择的立足点的位置就比较合适了。我们知道，这个视点将处于完全的黑暗之中，被包围在没有任何星光的漆黑的天空中。但是，从一个方向，我们会在天空的一处看到一大片微弱的光，好像一片模糊的云或者一线晨曦。也许在其他方向上也有这样一片片的微光，但是，我们对此一无所知。我们所谈及的，称之为宇宙的这一片微光正是我们要探究的。于是，我们飞向它，不必考虑速度。若用一个月的时间到达，我们的速度要比光速快100 万倍。随着我们的迫近，宇宙不断地在漆黑的天空中展开，最终覆盖了天空的一半，我们的身后仍旧是一片漆黑。

---

[1] 《通俗天文学》是19~20世纪知名天文学家西蒙·纽康的代表作，因内容生动有趣，文字浅白流畅，出版后很受欢迎，被许多国家引进出版，其中文版于20世纪40年代首次由金克木翻译。《通俗天文学》成书后的数十年间，天文学领域有了不少新的发现，一些编者会在再版时将一些新发现，如外星生命、宇宙大爆炸等编入原书之中。由于20世纪以来天文学领域鲜有颠覆性的大发现，且《通俗天文学》成书时体系完整，足以充当认识天文学的通俗入门读物，故此次出版编者尽量保持原版样貌，不改变原书的篇章结构，仅以注释的形式对有变化的数据等内容做出更正。——编者注

[2] 1英里≈1 609.3米。

在到达这一阶段之前，我们便可在宇宙当中看到点点微光。继续飞行，这些光点越来越多，似乎从我们身边经过，又远远地消失在我们身后。与此同时，新的光点不断出现在眼前，就像火车上的乘客看到风景和房子掠过他们一样。这些光点就是星星，当我们身处其中的时候，我们发现满天星斗犹如夜晚看到的一样。我们若以之前想象的高速穿过整个云团，除了星星或许只有寥寥散布其间的巨大而朦胧的光雾。

但是，我们并不这样做，而是选择一颗星星，放慢速度仔细观察它。这是一颗非常小的星星，随着我们的接近，它变得越来越明亮，最终像金星一样闪亮。时而它投下阴影，时而我们可以借助它的光线读书，时而它开始耀眼夺目。它看起来好似一个小太阳，它就是太阳！

我们再来选择一个位置，这个位置较之我们之前旅行的距离可以说就在太阳旁边，尽管按照我们普通的度量可能有 10 亿英里远。现在，环顾我们脚下，可以看到，在太阳周围远近不同地分布着 8 个像星星一样的光点。如果我们长时间观察这些光点，会发现它们都在围绕太阳运行，绕行一周需要 3 个月至 165 年不等。它们在完全不同的距离上运行，最远的距离是最近距离的 80 倍。

这些类似恒星的天体是行星。仔细观察发现，这些行星与恒星的不同之处在于它们是不透明的，只能借助太阳光而发光。

我们来观察其中的一颗行星，就选择靠近太阳的第三颗吧。从上方接近这颗行星，也就是从它与太阳的连线垂直的角度，距离越近，它就变得越来越大、越来越明亮。当距离非常接近的时候，它看起来就像半个月亮——一半在黑暗之中，另一半被太阳的光线照亮。距离再近一些，可以看到被照亮的部分持续变大，呈现出斑驳的表面。这个表面继续扩大，逐渐变成了海洋和陆地，就好像表面被云彩遮蔽了一半。我们看到的这个表面在我们眼前不断延伸，取代了越来越多的天空，直到我们看出来这就是全部世界。我们降落在上面，于是我们来到了地球。

于是，在飞越天空时完全看不到的那个点，在我们接近太阳时成为一颗星，更近一些发现它是一个不透明的球体，现在成为我们居住的地球。

这次想象的飞行让我们知道了天文学的一个重要事实：夜晚缀满天空的众多星辰都是太阳。换句话说，太阳只是其中的一颗恒星。相比之下，太阳只是同类恒星中很小的一颗，我们知道很多恒星发出的光和热是太阳的千万倍。本质上，太阳与其亿万同类没有差别。它之所以对我们重要，在我们眼中相对伟大，都源自我们与它之间的偶然的联系。

我们所描述的宇宙星辰，从地球上看与所幻想的飞越其中时看到的是一样的。缀满天空的繁星正是我们在幻想的飞行中所看到的。我们瞭望天空与我们在遥远星空的某一点观测天空，其最大的不同在于太阳和行星所处的突出地位。太阳光芒万丈，在白天完全遮蔽了漫天星辰。如果我们能够在最广泛的区域遮蔽太阳光，就能在白天看到围绕太阳的星辰，如同夜晚一样。这些天体围绕在我们周围，好似地球处于宇宙的中心，就像我们的祖先想象的一样。

太阳系

我们可以把刚刚了解的宇宙同我们在天空所看到的最大程度地联系起来。我们所谓的天体分为两类：一类是由千百万颗星星组成的，其排列形式和外观我们刚刚讲过；另一类只由一颗星星为核心，另有其他星星在其某种影响下围绕着它，这一类在所有天体中对我们是最重要的。以太阳为中心的一些星星构成了一个小的星群，我们称之为太阳系。关于太阳系，我首先想告诉读者的是，相比于众星之间的距离，它的规模是很小的。就我们目前所知，太阳系周围的辽远空间里空空如也。如果我们能够横渡太阳系从一边飞到另一边，不会看到前方的星星越来越近，也不会看到星座与在地球上看有什么不同。天文学家用最精良的仪器也只能观察到近处的星球上发生的变化。

天体的大小和天体之间的距离将会帮助读者想象宇宙是什么样子。设想我们在看一个天体的小模型，或许可以帮助我们认知天体的大小和距离（有一个概念上的认识）。在这个宇宙模型中，想象我们居住的地球是一粒芥菜籽。月球则是只有芥菜籽直径 1/4 大小的微粒，放在距地球 1 英寸 [1] 的位置。太阳相当于一个大苹果，放在距地球 40 英尺 [2] 的位置。其他行星按照大小从肉眼看不见的微粒到豌豆大小进行排列，想象它们在距太阳 10 英尺至 1/4 英里的距离上。然后，想象这些小东西在距太阳不同的位置上围绕太阳缓慢转动，绕行太阳一周的时间从 3 个月至 165 年不等。想象芥菜籽一年围绕大苹果转一圈，伴随一旁的月亮则每个月绕行地球一周。

按照这个比例，整个太阳系可以平放在半平方英里之内。在这个范围之外、比整个美洲大陆还广大的区域内没有可见物质，除非或许有彗星（Comets）散布在边缘地带。在比距离美洲大陆更加遥远的地方，我们会见到距离太阳系最近的一颗星，这颗星就像我们的太阳，可以视为一个大苹果。再远一些，每个方向都会看到星星了，但是它们彼此之间基本上都像距离太阳系最近的那颗星和太阳那样遥远。小模型上地球大小的范围内恐怕只有 2~3 颗星。

由此可见，在我们之前设想的宇宙飞行中，即便我们仔细搜寻，像地球这样的小天体也可能会被忽视。我们就像飞越密西西比河河谷的人寻找隐藏在美洲大陆某处的一粒芥菜籽一样，即使是那个代表光芒万丈的太阳的苹果也可能会被忽视，除非碰巧在它附近经过。

---

[1] 1英寸≈2.5厘米。

[2] 1英尺≈0.3米。

第二节　天空万象

我们和天体之间的巨大距离使我们无法对宇宙的大小有一个清晰的概念，也很难想象天体与我们之间的真实关系。如果我们一望便知天体星辰离我们有多远，如果我们的眼睛能够对恒星和行星的表面明察秋毫，宇宙的真实结构早在人类研究天空之初就昭然若揭了。略加思考就能明白，如果我们远离地球，比方说在地球直径1万倍的高空，便无法看出地球的大小了，在阳光中地球看起来就像天空中的一颗星。古人没有这样的距离概念，所以他们认为天体所呈现的结构与地球截然不同。就是我们自己在瞭望天空的时候，也很难想象恒星比行星遥远数百万倍。所有的星星看起来都好似分布在同样高度的一片天空中。我们必须理性地认识星辰的实际分布和距离。

地球上的物体和天空中的物体之间距离上的巨大差异是很难想象的，因此思考二者之间的实际关系也非常困难。我请读者用心尝试用最简单的方式呈现这些关系，以便将实际情形和我们所见到的关联在一起。

我们来做一个假设，将地球从我们脚下移走，我们悬浮在半空中，这时便会看到各种天体——太阳、月亮，以及其他恒星、行星——都围绕着我们，上下、东西、南北各个方向都有。眼前除了天体看不到别的什么。正如我们刚才所讲的，所有这些天体看起来都与我们保持着相同的距离。

从一个中心点以同样距离分散在各个方向上的众多的点，一定都在一个中空球体的内表面上。由此可见，在这个假设中，呈现在我们面前的众天体分布在以我们为中心的球面上。既然天文学的终极目的之一是研究天体相对于我们的方位，那么这个在天文学中谈论的视觉上的球体就仿佛是真实存在的。这便是所谓的天球（celestial sphere）。在我们的假设中，由于地球不在原来的位置上，那么天球上的所有天体在任何时刻似乎都是静止的。几天过去了，甚至几周过去了，恒星貌似纹丝不动。而通过对行星进行数天甚至数周（观测的时间视具体情况而定）的观测，我们看到的实际情况是，行星在围绕着太阳缓慢移动。但这并不是一眼就可以察觉到的。最初我们认为，天球由固态的晶体构成，天体都固定在天球的内表面。古人将这一观点发展得更加接近事实，为此他们幻想有许多这样的天球层层嵌套在一起，从而形成天体的不同距离。

带着这个观点，我们将地球搬回脚下。现在我请读者们想象下面的情形：地球在无垠的天空中只是一个点而已，然而，当我们把地球搬回脚下时，地球的表面遮挡了我们的视线，宇宙的一半我们都看不到了；就像对于苹果上的爬虫，苹果将爬虫视线中一半的空间遮蔽了。地平线之上的一半天球是仍然能看见的，称为可见半球（visible hemisphere）；地平线之下的一半天球，因地球遮挡而看不见，称为不可见半球（invisible hemisphere）。当然，我们可以通过环球旅行看到后者。

知晓了上述事实，我再次请读者集中注意力。我们知道地球不是静止的，而是围绕地球中心轴不停旋转。这种旋转的直接后果便是天球看起来向反方向旋转，即地球自西向东自转，而天球似乎自东向西旋转。这种真实存在的地球转动称为周日运动（diurnal motion），因为地球的这种转动是一天旋转一周。地球的周日运动产生了星辰的视转动。

星辰的日常视转动

下一个问题是，地球自转这一简单概念同由此产生的天体周日视运动所呈现出的复杂表象之间的关系。后者因观测者在地球表面所处的纬度不同而发生变化。我们从北纬中部地区开始。

为此我们可以想象一个中空的球体代表天球。我们可以把它想象得同摩天轮一样大，不过直径30或40英尺足以满足我们的要求了。图1是这个球体的内部，P和Q是固定大球的两个轴点，从而大球可以围绕这两个点在斜对角方向上旋转。在球体中心点O有一个过O点的水平面NS，我们就位于这个平面上。星座标记在球体的内表面上，整个内表面全部都是星座，但是下面半球上的星座由于平面的遮挡而看不见。显然，这个平面代表地平线。

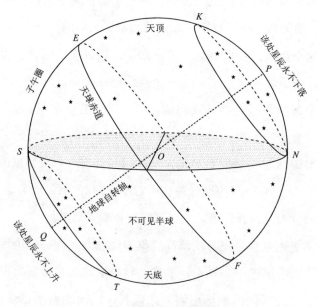

图1　我们眼中的天球

现在大球开始围绕轴点转动，会有什么现象发生呢？轴点P附近的星星在大球转动时围绕P点旋转。圆周KN上的星星在经过P点下方时会擦到水平面的边缘。而那些距离P点较远的星星会掉落到水平面以下，掉落的程度取决于它们与P点的距离。圆周EF在P和Q的中点，其附近的星星则半程在水平面以上，半程在水平面以下。最后，圆周ST上面的星星永远不会转到水平面以上，因而我们永远看不见。

在我们看来，天球就是这样一个球体，而且无穷大。它看上去似乎一直围绕着天空中的一点不停旋转，这个点就是它的中心点。天球旋转一周的时间大约是一天，同时带着太阳、月亮和星星随之一起转动。星星保持着它们的相对位置，就好像固定在了不停旋转的天球上。这意味着，如果我们在晚上的任意时刻给星星拍一张照片，那么在其他时间星星呈现出的依然是照片中的情形，只要我们在正确的位置上拿着这张照片。

P 所标注的轴点叫作北天极（north celestial pole）。对于北方中纬度地区（我们中的大多数人生活在此）的居民，北天极在北方天空，接近顶点和北方地平线的中点。我们生活的地方越往南，北天极越接近地平线，其高出地平线的高度与观测者所处的纬度相等。北极星离北极很近，我们会在后面介绍如何寻找北极星。在平常看来，北极星似乎一直都在那里，从未移动过。现在北极星距北极 1° 多一点，不过此刻我们无须关注这个数字。

与北天极相对的是南天极（south celestial pole），二者在地平线两边是对称的。

显然，在我们所处的纬度看到的周日运动是倾斜的。当太阳冉冉升起的时候，似乎并非垂直于地平线，而是向着南方与地平线多少形成一个锐角。所以，当太阳落山的时候，它的运动轨迹相对于地平线仍然是倾斜的。

现在，想象我们拿着一副很长的圆规，足以触到天空。将圆规的一个尖放在天空中的北天极，另一个尖点在北天极下面的地平线上。保持在北天极的那个尖不动，用另一个尖在天球上画一个完整的圆。这个圆的最低点恰好在地平线上，最高点在我们所处的北纬度区域来看，接近天顶。这个圆上的星星从来不会坠落，看起来只是每日围绕北天极转一圈，因而得名恒显圈（circle of perpetual apparition）。

在这个圈南面较远的星星升起又落下，但是越往南它们每天在地平线之上的轨迹就越短，最南端的星星在地平线上几乎看不到。

在我们所处的纬度，最南端的星星从来不会出现。这些星星在恒隐圈（circle of perpetual occultation）上，恒隐圈以南天极为圆心，就像恒显圈以北天极为圆心一样。

图 2 是北方能够看到的北天恒显圈上的主要星座。图中某月份在顶部时，我们看到的就是该月份晚上 8 点左右星座的情形。图中还画出了利用北斗七星，也就是大熊座（Ursa Major），在中心寻找北极星的方法，即根据星座中最外边的两颗星指示的方向，这两颗星亦被称为指极星（Pointers）。

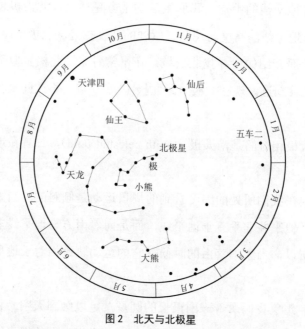

图 2　北天与北极星

现在，改变一下我们的纬度看看会发生什么。如果我们向赤道方向运动，地平线的方向就改变了。途中我们将看到北极星越落越低，随着我们逐渐接近赤道，北极星也逐渐接近地平线，当我们到达赤道时，北极星也落到了地平线上。很显然，恒显圈也越变越小，直至消失在赤道上，天球的两极落在地平线上。此时，周日运动也与我们这里有很大不同。太阳、月亮和星星都垂直升起。如果有一颗星在正东方升起，它将会经过天顶；如果从东方偏南升起，则会经过天顶南边；如果从东方偏北升起，则会经过天顶北边。

继续我们的行程，进入南半球，太阳依然从东方升起，通常经过子午线升至天顶北边。南北两个半球的主要差别是，当太阳在天顶北侧升至最高点时，太阳的视运动不是顺时针方向，而是逆时针方向。在南纬中部地区，我们熟悉的北天星座永远在地平线以下，但是能看到我们没见过的南天星座。其中有一些以美丽著称，如南十字星座。诚然，通常认为南天的星座更美丽，数量也比北天的多。但是，现在发现这一观点并不准确。经过仔细研究以及对星星的数量进行统计，发现两个半球的星星数量一样多。人们之所以会产生之前的印象可能是由于南半球的天空更加晴朗。也许因为气候干燥，南半球非洲大陆和美洲大陆空气中的烟雾比北半球的少。

我们之前已经讲过北天星辰围绕极点的周日视运动，南天的星辰亦是如此。然而，因为没有南极星，所以无法辨别南天极的位置。南天极周围有一群小星星，但是这群小星星并不比天空中其他位置的星星更密集。当然，南半球也有恒显圈，而且越往南恒显圈越大。也就是说，围绕南天极的一圈星星永远不会坠落，始终围绕南天极旋转，而且旋转方向明显与北天极相反。南半球当然也有恒隐圈，那些环绕北天极而在北纬地区永远不会坠落的星星都在恒隐圈上。当我们越过南纬20°继续向南，便一点也看不到小熊星座（Ursa Minor）了；继续向南，大熊星座也只是或多或少地偶尔露出地平线。

如果我们继续此次旅程到达南极点，会发现星星既不上升也不坠落。其围绕天空的运行轨迹是水平的，轨迹的圆心即南天极，与天顶重合。当然，这一现象在北天极亦是如此。

第三节　时间和经度的关系

我们都知道，地球表面南北方向上经过某地的线叫作该地的子午线。更准确地说，地球表面的子午线是连接南北两极的半圆。这样的半圆相交于北极点覆盖所有方向，从而可以画出经过任何地点的子午线。大多数国家都以经过格林尼治皇家天文台的子午线为基准计算经度，美国和欧洲大多数国家的时间也据此设定。

与地球上的子午线相似的是天球上的子午线，天球子午线起始于北天极，经过天顶，与地平线的南点相交，最后交于南天极。在地球自转的作用下，天球子午线与地球子午线随之一同转动，于是，天球子午线在一天的运行中经过整个天球，而呈现给我们的却是天球上的每个点在一天的运行中都要经过子午线。

太阳在中午时分经过子午线。在现代计时工具出现以前，人们根据太阳给钟表调时间。但是，由于黄赤交角和地球绕日轨道的偏心率，太阳连续两次经过子午线的时间间隔并不完全相等。那么就会出现这样的结果：如果一个时钟计时精准，那么太阳经过子午线的时间时而早于12点，时而晚于12点。当理解了这一点，便能够区分视时和平时了。视时是依据太阳而测定的时间，数值不尽相等；平时是依据钟表而设定的时间，每个月都非常精准。二者之间的差别称为时差。每年11月初和2月中旬时差达到最大值。11月1日太阳比12点早16分经过子午线，2月份则是比12点晚14分或15分经过子午线。

为了阐释平时，天文学家设想了一个平太阳，这个平太阳永远沿着天球赤道运行,从而经过子午线的时间间隔完全相等,而时间则有时早于真太阳有时晚于真太阳。这个假设的平太阳规定了一日的时间。也许我们用视觉上的景象更容易说明这个问题。想象地球是静止不动的,平太阳围绕地球转动,连续经过每一处子午线;进而想象世界各地相继进入中午时分。在我们所处的纬度,其速度每秒不超过 1 000 英尺,也就是说,如果我们这里正值中午,一秒钟后我们西边大约 1 000 英尺远的地方即是中午,下一秒再往西 1 000 英尺的地方就是中午。如此经过 24 小时,直到中午再次回到我们这里。这一结果显然表明,东西方向的两个地点在同一时刻不会是一天中的同一时间。当我们向西旅行,会不断发现我们的手表比当地时间快,而向东旅行,则又慢了。这种时间变化称为地方时或天文时。之所以称为天文时是因为它是以某一地点的天文观测而测定的。

标准时

过去,地方时给旅行者造成巨大的不便。每一条铁路都有自己的子午线基准时间,据此运行列车,旅客经常会因为不了解自己的手表或时钟与铁路时间的关系而错过火车。于是,1883 年诞生了我们现在的标准时间系统。在这个系统中,每隔 15° 取一条标准子午线,这是太阳在一小时中经过的空间。中午经过标准子午线的时间适用于标准子午线两边 7°~8° 的区域,这便称为标准时(standard time)。标注这些时区的经度以格林尼治天文台为基准计算。费城在经度上与格林尼治天文台相距约 75°,时间间隔为 5 小时,更确切地说是 5 小时零 1 分。因此,中部诸州的标准子午线便取在费城偏东一点点。当平午(mean noon)经过这条子午线时,东部和中部诸州、向西直至俄亥俄州都是 12 点钟。一小时后,密西西比河流域是 12 点钟。再一小时后,落基山脉地区是 12 点钟。再过一小时,太平洋沿岸是 12 点钟。由此可见,我们使用四个不同的时间：东部时间、中部时间、山地时间、太平洋时间。这四个时间依次相差一个小时。据此，在太平洋沿岸和大西洋沿岸之间旅行的人，只要每次将手表调快或者调慢一小时，就可以在他所处的时区矫正时间了。

正是这个时差决定了各地的经度。试想，一个在纽约的观测者当某颗星经过该地子午线时轻敲一下发报键发电报，这个时间便在纽约和芝加哥记录下来。当这颗星到达芝加哥的子午线时，观测者以同样的方式记录下这个时间。这两次发报的时间间隔便是这两个地点的经度差。

用另一种方法也可以达到上述结果，观测者互相把所在地时间用电报发给对方，两地的时间差体现的便是经度差。

在这种关系中，必须记住一点，天体出没遵循的是地方时而不是标准时。因此历书上给出的日出和日落的时间不能用来给我们的手表调整标准时间，除非我们处在标准子午线上。这两种时间有一个不同点，当我们向东或者向西旅行时，地方时不断发生变化，而标准时在我们每跨越一个时区的边界时才会调整一小时。

日期在何处变更

"午夜"和"中午"一样，不停地围绕地球转动，相继经过所有子午线，而每经过一条子午线便开启了那条子午线新的一天。假设某一次经过的是星期一，那么再次经过时便是星期二。所以一定存在一条子午线，由此星期一进入星期二，上一天进入第二天。这条划分日期的子午线称为日界线（date line），是基于习惯和便利测定的。当殖民化向东西两个方向蔓延的时候，人们依旧按照自己的方式计算日期。结果，无论向东拓殖的人和向西拓殖的人何时相遇，他们发现彼此的时间总是相差一天，西行的人是星期一，而东行的人则是星期二。这便是美国人在到达阿拉斯加时遇到的情况。早先到达阿拉斯加的俄国人是东行至此，而美国人接手该地是西行至此，于是发现美国人的星期六已是俄国人的星期日。

由此便产生一个问题：当地居民庆祝希腊教会的节日该如何计算日期呢，遵照旧的算法还是新的算法呢？这个问题提交给了圣彼得堡的教会领袖，最终交给了普尔科沃天文台（Pulkova Observatory）的负责人斯特鲁维（Struve），普尔科沃天文台是沙俄帝国的国家天文研究机构。斯特鲁维写了一篇报告，支持按照美国的日期计算，从而日期计算方法得以妥善变更。

目前，习惯上规定与格林尼治天文台相对的子午线为日界线。这条子午线跨越太平洋，经过的陆地极少，只有亚洲东北角，或许还有斐济群岛的一部分。这种地理环境幸而避免了日界线若从一个国家内部穿过将造成的严重不便。若日界线从一个国家内部穿过，一个城市的居民可能与相邻却在日界线另一边的城市的居民在日期上相差一天。甚至，同一条街道两边的居民不在同一天过星期日。但是在大海上就不会存在这样的不便。日界线并不一定是地球上的子午线，要避免前述不便或许还会有些许曲折。这便是为什么即便格林尼治180°经线从查塔姆群岛及其相邻的一个新西兰岛屿之间穿过，但是两个岛上居民的时间却是一致的。

第四节 如何确定天体的位置

本节将解释和应用一些专业术语。这些专业术语说明的概念对完整了解天体的运动和观测时星星的位置是必不可少的，但对于那些只想简要了解天空现象的读者，这一节不是必读的。我必须请一位想深入学习的读者和我一起对天球做深入的研究，就像在第二节中一样。回到图1，从中可以看出我们是在研究两个球体的关系。其中一个是真实存在的地球，我们就生活在地球表面上，地球带着我们每天自转一周。另一个是视觉上的天球，在无尽的远方包围着地球。尽管这个大球并不存在，但是我们必须去想象，以便知道在哪儿寻找天体。值得注意的是，我们处在这个大球的球心——地球的表面上，我们看大球上的一切似乎都在它的内表面上。

这两个球上的点和圈之间是有关联的。我们已经讲过标记地球南北极的地轴是如何在这两个方向上延伸至宇宙空间指示天球南北极的。我们知道，环绕地球的赤道与南北两极等距。同样，天球也有一个赤道，距南北天极都是90°。如果天赤道可以画出来的话，我们就可以在固定的位置上昼夜看得到它。我们能够准确地想象出它看起来的样子。它在东西两个点上与地平线相交，事实上，它就是3月份和9月份春分、秋分时，太阳在地平线之上的12小时中周日运动在天空的轨迹。从最北方各州观察，天赤道经过天顶和南地平线中间，而且越往南离天顶越近。

地球赤道南北都有平行于赤道而环绕地球的纬度圈，同样，天球上也有平行于天赤道的圈，分别以两个天极为圆心。地球上的纬度圈离极点越近越小，天球上亦是如此。我们知道，地球上的经度是根据连接南北两极经过该地的子午线所在的位置测量的，而这条子午线与经过格林尼治天文台的子午线所成的角度便是该地的经度。

　　天空有着与地球相同的系统。如图3所示，想象那些从一个天极到另一个天极的圈，遍布所有的方向，与天赤道相交成直角，这些圈叫作时圈。如图所示，其中一个时圈叫作二分圈。二分圈经过春分点，这个点将在下一节讲解。春分点在天球上相当于地球表面的格林尼治。

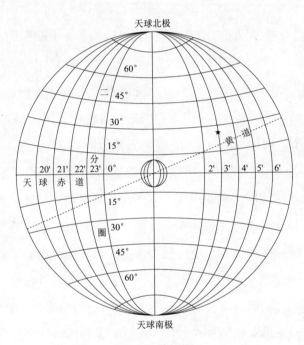

图3　天球的经纬

　　星星在天球上的位置与城市在地球上的位置一样，都是用经纬度来表示，不过使用的术语有所不同。在天文学上，与经度相对应的叫作赤经（right ascension），与纬度相对应的叫作赤纬（declination）。于是便有了以下定义，请读者仔细记忆。

　　星星的赤纬是星星在天赤道南侧或北侧距天赤道的视距离。图3中星星的赤纬为北25°。

　　星星的赤经是经过星星的时圈与经过春分点的二分圈形成的夹角。

图3中星星在赤经3′上。

星星的赤经在天文学中通常用时、分、秒表示，如图3所示，但同样也可以用度来表示，就像我们表示地球上某地的经度一样。赤经从时间单位换算成度只需要乘以15。这是因为地球一小时自转15°。从图3中还可以看出，纬度的单位长度在地球上的所有地方几乎是一样的，而经度的单位长度则从赤道向天极逐渐变小，由慢及快加速递减。在赤道上，1经度大约为69.5英里，而在45°的纬度上就只有大约42英里了。在60°的纬度上，1经度已不到35英里，在两极则为0，因为子午线在两极相交于一点。

我们可以看到，地球自转的速度也遵循相同的法则递减。在赤道，15°相当于1 000英里，因此地球在此处的自转速度为每小时1 000英里，约为每秒1 500英尺。而在45°的纬度上，速度降至每秒1 000英尺多一点；在北纬60°则仅为赤道上的一半；在两极降为0。

在这个系统中，唯一的问题在于地球的自转。只要我们不动，我们便始终在地球的同一个经度圈上。然而，由于地球自转，天空中任意一点的赤经都在不停发生变化——即便在我们看来是固定不变的。天球子午线和时圈的唯一区别在于，前者伴随地球转动，而后者则固定在天球上。

地球和天球之间几乎在每一点上都有严格的相似性。前者自西向东自转，后者似乎自东向西转。如图3所示，设想地球在天球的中心，二者共同贯穿在一个轴上，便可对我们想要说明的关系有一个清晰的概念。

假设太阳如星星一样，似乎年年在天球上固定不动，那么已知星星的赤经和赤纬，便比实际上更容易找到它们。由于地球每年围绕太阳公转一周，因而夜晚同一段时间天球视位置在不停发生变化。下面便来说明这种公转的影响。

第五节　地球周年运动及其影响

众所周知，地球不仅自转，而且每年围绕太阳公转一周。其产生的结果，抑或说其实际造成的表象是，太阳看似在众星之中每年环绕天球一周。我们只需想象自己围绕太阳运动，于是便会看到太阳向反方向运动，也一定会看到太阳在比它更遥远的星星之间移动。当然，因为白天看不到星星，所以这种运动并非立刻就能看出来。不过，我们若天天专门观察西方某颗星，这种运动就会看得很清楚。我们会发现这颗星落得一天比一天早，换句话说就是离太阳越来越近。更确切地说，既然这颗星客观的方向并没有改变，那么便似乎是太阳在逐渐接近这颗星。

如果我们能在白天看见星星，那将是群星绕日，情况会更加明了。倘若早晨太阳和一颗星一同升起，那么一天之中太阳将会逐渐向东远离这颗星。出没之间，相对于这颗星太阳移动的距离接近自身的直径。至次日早晨则已远离这颗星将近 2 倍于直径的距离。图 4 是春分时节这一

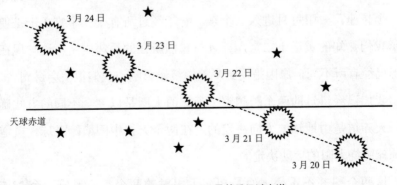

图 4　太阳于 3 月 21 日前后经过赤道

现象所呈现的图示。这个运动将月复一月地继续。经过一年，相对于这颗星，太阳已环绕天球一周，重新与这颗星相遇了。

太阳的视轨迹

上述影响是如何产生的参见图 5，图 5 所示为地球围绕太阳运行的轨道，以及遥远的星星。当地球在 A 点时，我们看到太阳在 AM 这条线上，就好像在星星当中的 M 点。当地球带着我们从 A 到 B 时，太阳看似从 M 移动到 N，以此类推进行一年。这便是太阳环绕天球的周年视运动，古人已经注意到，但

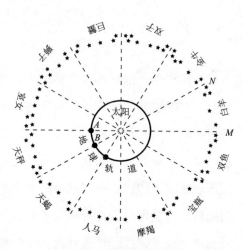

图 5　地球轨道与黄道带

是他们在绘制这一现象时似乎遇到了很多困难。他们想象有一条线环绕天球，太阳的周年运动总是沿着这条线，这条线叫作黄道（ecliptic）。他们发现在众星之中行星的运行轨迹与太阳通常的运行轨迹大体相同，而并非完全一致。黄道两边延展出来、宽度足以容纳所有已知行星和太阳的带状区域叫作黄道带（zodiac）。黄道带等分为十二个宫，每个宫标记为一个星座。太阳每月进入一个宫，一年经过所有十二个宫，于是便产生了我们熟知的黄道十二宫，并且与它们所在的星座同名。这与现在的情形已经有所不同，原因是受到岁差的缓慢影响，我们很快会讲到。

我们已经讲过的两个跨越整个天球的大圈是以完全不同的方式确定的。天赤道是由地轴的方向决定的，在两个天极间横跨天球。黄道是由地球围绕太阳的运动决定的。

这两个圈并不重叠，而是相交于相对的两个点，形成一个 23.5°，

近似 1/4 直角的夹角。这个角称为黄赤交角（obliquity of the ecliptic）。为了准确弄明白这个现象是如何产生的，我们必须说一下天极。从我们之前对天极的讲述中可以看出，天极仅仅是由地轴的方向决定的，而非天上的某种东西；它们只是天上相对的两个点，刚好位于地轴的延长线上。天赤道是在两个天极正中间的大圆，也是由地轴的方向决定的，而与其他无关。

假设地球围绕太阳的轨道是水平的，并想象它是一个以太阳为中心的水平圆面的圆周。假设地球以这个水平面的中心点为圆心，围绕这个平面做圆周运动，那么，如果地轴是垂直的，地球赤道将是水平的，并且在这个水平圆周面上，因此，当地球围绕这个水平面做圆周运动时，天赤道始终以太阳为中心。那么，在天球上，由太阳运行轨迹决定的黄道将与赤道是同一个圈。产生黄赤交角是因为地球的轨道并非如刚才所假设的是垂直的，而是倾斜 23.5°。黄道与水平面的倾斜角度与之相等，因此，黄赤交角是地轴倾斜导致的。有关这个问题的重要一点是，当地球围绕太阳公转时，地轴的方向在空间上是保持不变的；因此，地球的北极是偏离太阳还是正对着太阳，取决于地球在公转轨道上的位置。这个问题参见图 6。图 6 中是我们刚才假设的平面，地轴向右倾斜。北极将永远向这个方向倾斜，无论地球在太阳的东面、西面、北面还是南面。

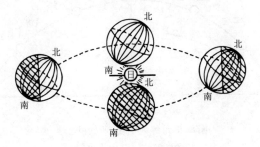

图 6　黄道倾斜产生四季

为了弄清倾斜对黄道造成的影响，我们再做一个假设，在某个 3 月 21 日的中午，地球突然停止自转，而继续围绕太阳公转。在此后的 3 个月中我们将会看到的情形参见图7，在图7中我们来看一看南天。我们看到太阳在子午线上，起初似乎是静止不动的。图中天赤道经过地平线东西两端如前所述，黄道与之相交于二分点。持续观测这个结果3个月，我们会发现太阳慢慢沿着黄道移动到夏至点，也是太阳到达的最北点，此时约为6月22日。

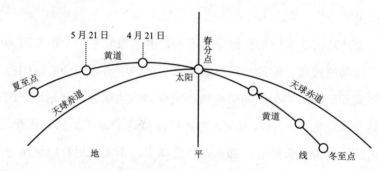

图7　春夏间太阳沿黄道的视运动

图8中我们可以继续追踪太阳的轨迹3个月。经过夏至点后，太阳沿着它的轨迹渐渐再次到达赤道，时间约在9月23日。太阳在一年中其余时间的轨迹与其前6个月的运动轨迹相对应。12月22日太阳经过在赤道上的最南点，之后在3月21日再次经过赤道。

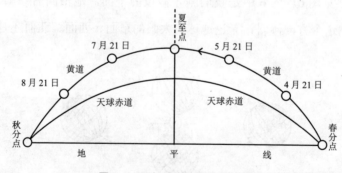

图8　3月到9月间太阳的视运动

我们观察到太阳周年视运动的轨迹上有四个最重要的点：第一，春分点，我们在此开始我们的观测。第二，夏至点，太阳所及最北点，从此开始回归赤道。第三，秋分点，与春分点相对，太阳经过此点的时间约为 9 月 23 日。第四，冬至点，与夏至点相对，是太阳所及最南点。

经过上述各点连接两个天极并且与赤道成直角的时圈叫作分至圈（colures）。经过春分点的分至圈称为二分圈，是赤经的起点，前文已经讲过。与二分圈成直角的称为二至圈。

下面来讲星座与季节及一天中时间的关系。假设今天太阳和一颗星同时经过子午线，明天太阳将会在这颗星东边 1°，这表明这颗星比太阳约早 4 分钟经过子午线。这种情况将日复一日持续一整年，直到二者几乎再次同时经过子午线。由此可见，这颗星会比太阳多经过一次子午线。也就是说，一年中太阳经过子午线 365 次，而这颗星要经过 366 次。当然，倘若我们选取南天的一颗星，其出没次数和太阳是一样的。

天文学家用恒星日来计算恒星这一特别的出没现象。恒星日是一颗恒星或者春分点连续两次经过同一子午线的时间间隔。天文学家将恒星日分成 24 个恒星时，进而按照通常的时间关系分成分和秒。天文学家还使用恒星钟显示恒星时，恒星钟比普通的钟表每天快 3 分 56 秒。恒星正午便是春分点经过当地子午线的时刻，此时恒星钟设为 0 时 0 分 0 秒。可见恒星时以天球视运动为计时依据，于是，无论昼夜，天文学家只要看一眼恒星钟便可知道什么星正经过子午圈，星座都在什么位置上。

季　节

如果地轴垂直于黄道面，黄道将与赤道重合，季节便会终年没有变化。太阳将永远在正东方升起，在正西方落下。气温只会有微弱的变化，原因是地球在 1 月份比在 6 月份离太阳近一点儿。由于存在黄赤交角，实际情况是，当 3 月份至 9 月份太阳在赤道以北的时候，北半球的光照时间比南半球的长，太阳的角度也更大。在南半球，情况恰好相反，光照时间从 9 月份至第二年 3 月份比北半球的更长。于是北半球是冬天南半球则是夏天，反之亦然。

真运动和视运动的关系

在往下讲之前，我们先从两方面给前述现象做个小结：一是地球的真运动，二是由地球真运动引起的天体视运动。

周日真运动是指地球围绕地轴自转。

周日视运动是指由地球自转引起的恒星在视觉上的现象。

周年真运动是指地球围绕太阳公转。

周年视运动是指太阳在群星中环绕天球运行。

周日真运动带着地平圈经过太阳和星星。

于是我们将眼前的情形说成太阳或者星星升起又落下。

每年大约 3 月 21 日地球赤道面从太阳以北向太阳以南移动，约 9 月 23 日又反方向移动。

也就是说，3 月份太阳移动到赤道以北，9 月份移动到赤道以南。

每年 6 月份，地球赤道面在太阳以南的最大距离上，12 月份，地球赤道面则在太阳以北的最大距离上。

第一种情形太阳在北至点，第二种情形太阳在南至点。

地轴相对于地球公转轨道面的垂直方向倾斜 23.5°。

其视觉结果便是，黄道向天赤道倾斜 23.5°。

6 月及夏季的其他几个月里，地球的北半球向太阳方向倾斜。北纬地区在地球自转的作用下与之一同旋转，在其运行周期中光照时间超过一半。而南纬地区则少于一半。

我们所看到的现象是：太阳在地平线上的时间超过一半，我们处在炎热的夏季；而在南半球则白天很短，时值冬季。

而我们在冬季的几个月里，情况则完全相反。此时，南半球向太阳倾斜，北半球远离太阳。于是，南半球进入夏天，白天变长，而北半球恰恰相反。

年和岁差

年的定义，最简单不过的就是地球围绕太阳公转一周的时间。根据前述，确定年的长度有两种方法：一种是太阳连续两次经过同一颗恒星的时间间隔；另一种是太阳连续两次经过同一个分点的时间间隔，即太阳连续两次春分或秋分跨过赤道的时间间隔。如果二分点的位置在恒星之间是固定的，那么这两种时间间隔便是相等的。但是古代天文学家根据长达几百年的观测发现，这两种方法所得出的年的长度并不相等。太阳经过恒星的周期比经过二分点的周期长 11 分钟。这表明二分点的位置在恒星之间长年移动。这种移动就称为岁差。岁差的产生无关于任何天体，而完全是因为地球围绕太阳公转的过程中，地轴的方向积年累月在缓慢地发生变化。

假设图 6 中的平面可以保持 6 000~7 000 年，地球围绕其旋转 6 000~7 000 圈。最终我们将发现，地轴的北极不是如图中所示指向我们右手边，而是正对着我们。继续旋转 6 000~7 000 年以后，地轴北极将指向我们左手边；第三个 6 000~7 000 年以后，地球北极将背对着我们，第四个 6 000~7 000 年之后，也就是总共约 2.6 万年之后，地轴的北极将回到它最初的方向。

由于天极是由地轴的方向决定的，因而地轴方向的变化使之在天空慢慢走出一个半径为 23.5° 的圆。当前，北极星距北极点 1° 多一点。但是，北极点正逐渐靠近北极星，200 年后又会远离北极星。距今 1.2 万年后，北极点将进入天琴座（Lyra），距离这个星座中最亮的织女星大约5°。在古希腊时期，航海者并不认识什么北极星，因为现在的北极星在那时距离北极点 10°~12°，北极点在北极星和大熊星座之间。而大熊星座正是那时的航海者所依据的方向标，是他们所谓的"北极星"。

综上所述，既然天赤道在两个天极的正中间，那么在恒星当中也一定会有相应的位移。这种位移现象在过去的 2 000 年中产生的影响参见图 9。既然二分点是黄道和赤道的交点，那么它们也会在这种位移的影响下有所变化，于是便产生了岁差。

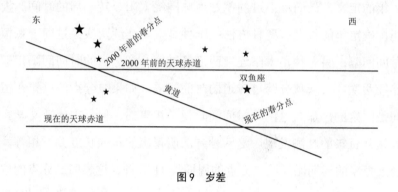

图 9　岁差

前面我们讲过两种时间长度的年，分别叫作回归年[1]（tropical year）和恒星年（sidereal year）。回归年也叫作太阳年，是太阳连续两次回到春分点的时间间隔。其时间长度为 365 天 5 小时 48 分 46 秒。

太阳在赤道南北两边的位置决定了季节，于是太阳年或者回归年便成为计时系统。古代天文学家发现太阳年的长度为 365.25 天。早在托勒密（Ptolemy）时代[2]，年的长度就已经更加精确——比 365.25 天少几分钟。现在几乎所有文明国家采用的格里高利历（Gregorian Calendar）便是取的这个年的长度的近似值。

恒星年是太阳连续两次经过同一颗恒星的时间间隔。其长度为 365 天 6 小时 9 分钟。

罗马儒略历（Julian Calendar）在基督教国家中一直沿用至 1582 年，其采用的年的时间长度恰为 365.25 天。后来发现儒略历年的长度比太阳年的实际长度多出 11 分 14 秒，这便导致季节在数百年间缓慢发生变化。为了避免这一问题，也为了历年的平均值尽可能准确，教皇格里高

[1] 亦称分至年。——译者注
[2] 公元2世纪。——编者注

利十三世颁布一项法令，在儒略历的四个百年中削减三个闰日。在儒略历中，每个世纪的最后一年为闰年。在格里高利历中，1600 年仍为闰年，而 1500 年、1700 年、1800 年和 1900 年都为平年。

　　格里高利历立刻为所有天主教国家接受，也陆续为新教国家接受，因此，在过去的 150 年中它便为这两种信仰的国家普遍接受了。[1]

---

[1] 中国于辛亥革命后也开始采用。——编者注

ASTRONOMY
FOR
EVERYBODY

第二章

望　　远　　镜

第一节　折射望远镜

在科学研究中，使用望远镜是最令人感兴趣的事情。我想读者也一定很想了解望远镜到底是什么，用它能够看到什么。完整的望远镜，例如天文台上专用的，结构非常复杂，但是它的几个核心问题却只需细心留意便可大致掌握。了解这些之后再到天文台观察这些仪器时，能比对此一无所知的人获得更多乐趣和知识。

众所周知，望远镜的重要用途是能使远处的物体看上去很近，当我们看一个几千米之外的物体时竟感到它仿佛就在几米远处。产生这种效果是因为其中有一些类似我们平时使用的眼镜的很大且打磨精细的透镜。收集物体的光至少有两种方法：让光通过许多透镜，或者用凹面镜反射光。因此望远镜也分为两种：一种叫折射望远镜，另一种叫反射望远镜。我们从前者开始讲起，因为它更加常见。

望远镜的透镜

折射望远镜的镜头有两个组成部分，或者说有两个系统：一个是对物镜，有时简称物镜，它使远处的物体在望远镜的焦点上成像；另一个是目镜，有了它才能看见焦点上的成像。

物镜是望远镜上最复杂和精密的部分，其制作技术比制造其他所有部件都要精细。制作物镜所需要的非凡天赋从下面这个事例便可窥见一斑。几十年前，世界各地的天文学家相信全世界只有一个人有能力制作最大号的精良物镜。这个人就是阿尔万·克拉克（Alvan Clark），很快我们就会讲到此人。

物镜通常有两个大的透镜。望远镜的性能完全取决于透镜的直径，也叫望远镜的口径（aperture）。口径的大小不等，小到小型家用望远镜的三四英寸，大到耶基斯天文台（Yerkes Observatory）的大型望远镜的3英尺以上。为什么望远镜的性能取决于物镜的直径呢？原因之一是，为了看清放大了一定倍数的物体，在其自然亮度的基础上，所需要的光超过放大率的平方。比如，倘若我们有100倍的放大率，我们就需要10 000倍的光。我的意思不是任何时候都必须有这么多的光，并不是这样的，因为我们看一个物体，通常在比其自然光照弱的情况下便能看清。但是，我们仍然需要一定的光亮，否则就会太暗了。

为了在望远镜中清晰地看到远处的物体，最重要的一点是，物镜必须将来自被观察物体上的每一点的光线全部集中在一个焦点上。如果做不到这一点，不同的光线略微分散到不同的焦点上，那么物体看起来就是模糊的，就好像是透过一个不适合自己的眼镜看一般。现在我们知道，无论是用什么玻璃做成的透镜，单独一片都不能将光线集中在一个焦点上。读者一定都知道，无论是来自太阳的普通光线还是来自星星的普通光线，都有无数种不同的颜色，透过三棱镜这些颜色便可彼此分开。这些颜色的排列顺序，从红色一端起依次为黄色、绿色、蓝色和紫色。单片透镜将这些不同的光线发散到不同的焦点上；红色光发散得离物镜最远，紫色光离物镜最近。这种光线的分离叫作色散（dispersion）。

200年前的天文学家无法解决透镜的色散问题。直到大约1750年，伦敦一个叫多兰德（Dollond）的人发现使用两种不同的玻璃可以彻底解决这一弊端，这两种玻璃分别是冕玻璃和火石玻璃。这种方法的原理很简单。冕玻璃的折射率与火石玻璃的几乎是相同的，而色散率几乎是火石玻璃的2倍。于是，多兰德用两种透镜做了一个物镜，其剖面图如图10所示。先用冕玻璃做一个普通的凸透镜，再用火石玻璃做一个凹透镜。

这两个透镜的曲度相反，对光产生的作用也恰好相反。冕玻璃使光聚集在一个焦点上，而火石玻璃由于是凹形的，使光是发散的。如果分别单独使用这两个透镜，光线穿过透镜后不仅不会聚焦在一个点上，反而是从一个焦点向不同方向越来越分散。现在，将火石玻璃的折射率做成只有冕玻璃的折射率的一半多一点。这一半的折射率足以抵消冕玻璃的色散率，却仍能保持一半以上的折射率。这两种透镜的联合使用，使得所有的光线穿过由二者制成的物镜后几乎全部集中于一个焦点，而且这个焦点要比单独使用冕玻璃产生的焦点远 1 倍。

火石玻璃

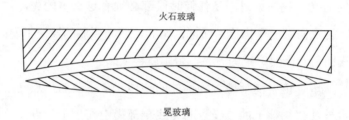

冕玻璃

图 10　望远镜中物镜的一部分

我一直在说几乎集中于一个焦点，之所以强调"几乎"这个词，是因为很遗憾，两种玻璃结合使用并不能将所有不同颜色的光线完全集中在同一个焦点上。对于较明亮的光线，色散确实可以变得很微弱，但不能完全消除。望远镜越大，这一缺陷越严重。使用任何一架大型折射望远镜观测明亮的星星，都会看到星星周围有一圈蓝色或紫色的光晕。这便是两种透镜没有把蓝色光或紫色光聚焦到其他颜色的光线所集中的焦点上造成的。

通过物镜将光线集中在焦点上，远处的物体便得以在焦平面上成像。焦平面是经过焦点，与望远镜的视线或者视轴成直角的平面。

何为望远镜成像，我们在摄影师准备照相的时候和他一起往照相机的毛玻璃里看一看便可一目了然。你会在毛玻璃上看到一张面孔或者远处的风景。事实上，照相机就是一个小型望远镜，毛玻璃或者安装用于拍照的感光板的地方就是焦平面。我们也可以反过来说，望远镜就是一个大型长焦照相机，可以给天空拍摄照片，就像摄影师用照相机拍摄普通照片一样。

有时我们可以通过理解一件东西不是什么而更好地理解这件东西是什么。发生在 50 年前或更早的那起著名的月亮骗局中，有一句话说明了影像不是什么。作者说，约翰·赫歇尔爵士（Sir John Herschel）和他的朋友发现，当他们使用极大的放大率时，由于光线不足导致看不清影像，有人提出对影像进行人工光照，结果令人惊讶——竟然连月球上的动物都能看到。如果包括聪明绝顶的人在内的大多数人没有被骗，我就不用说下面的话了：望远镜所成的像在本质上是不受外来光线影响的。因为它并不是实像，而是虚像。虚像是远处物体的任何一点上的光线都相交在影像相应的点上，再从该点散开，在焦平面上形成的一幅物体的图画，这幅图画只是由光聚焦而成的，没有其他物质。

假设物体的影像（或者说图画）是在我们眼前形成的，大家可能要问：为什么需要用目镜看它？为什么观看者站在图画后面向物镜望，不能看见图画悬在空中？其实他可以这样做：只需像摄影师对待相机那样把一片毛玻璃放在焦平面上，影像就会显现在毛玻璃上，这样他就可以不通过目镜直接向物镜看毛玻璃上的影像。但这样做无论在哪个点上都只能看见影像的一小部分，因此只用物镜看并没有多大好处，想要好好看还得用目镜。目镜本质上和钟表匠的小眼镜一样，焦距越短，观察得就越精细。

经常有人问：著名望远镜的放大倍率有多大？答案是，放大倍率不仅靠物镜，也要依赖于目镜，天文望远镜都配有许多不同的目镜，焦距越短，放大倍率越大，观测者可根据需要使用。

在几何原理允许的范围内，我们可以在大大小小的任何望远镜上得到任何放大率。用普通的显微镜来观察影像，我们可以使一个口径 10 厘米的小望远镜拥有与赫歇尔的大反射望远镜同等的放大率。但是在实际操作中想要使望远镜的倍率超过一定程度是有许多困难的。首先面临的是物体表面的光很微弱的问题。假设我们用口径 8 厘米的望远镜来观测土星，使它放大数百倍，影像就会很暗淡，看不清楚。这还不是唯一的困难。按照光学的一般定律，我们是无法把每英寸口径的放大率提高到50倍以上的，也可以说最多不能超过100倍。也就是说，在一架3英寸的望远镜上使用150倍以上的放大率不会有什么好处，更别说300倍以上了。

还有一个最困扰天文学家的问题，只不过人们并不清楚。

我们观测天体要透过厚厚的大气层，整个大气层如果压缩到我们周遭大气的密度，厚度约有6英里。我们知道，当我们看6英里以外的物体时，这个物体的轮廓是模糊不清的。这主要是因为光线必须穿过大气层，而大气是流动的，于是便产生了不规则折射，使物体看起来起伏不平而且抖动。由此产生的模糊的效果也在望远镜中和物体放大同样的倍数。于是，视觉的模糊程度随着放大率的增加而等比例增加。模糊的程度与空气状况有很大关系。天文学家认识到这一点，便试图找到非常纯净的空气，或者更加稳定的空气，以便透过大气层看到清晰的天体。

我们经常会看到一些计算，说明使用高倍望远镜可以使月亮看起来离我们有多近。例如，放大率为1 000倍，月亮便好似距离我们240英里；放大率为5 000倍，月亮距离我们好似48英里。就月亮表面上物体的视大小而言，这种计算非常准确，但这种计算既没有考虑望远镜的缺陷，也没有考虑大气层的负面影响。鉴于以上两点不利因素，这种计算结果并不符合实际情况。我不认为天文学家用1 000倍以上的放大率研究月亮和其他行星时，现有的望远镜会发挥巨大的作用，除非大气层在极为罕见的情况下不可思议地静止了。

望远镜的安装

那些从未用过望远镜的人可能会认为用望远镜观测只是简单地将其对准天体，然后在望远镜中对天体进行观察。让我们试着将一个大型望远镜对准一颗星。一幅我们从未想过的景象立刻呈现在我们眼前。这颗星不是停留在望远镜的视场[1]里，而是很快便因为周日运动跑了出去。这是因为，当地球围绕地轴自转时，星星似乎向反方向移动。这个运动被放大到与望远镜的放大率相同的倍数。因为放大率很高，我们还没来得及观察，星星便跑出了视野。

同时，必须记得视野也同样被放大了，实际比看起来要小，缩小的比例等于放大率。举例说明，如果使用 1 000 倍的放大率，一个普通望远镜的视野用角度测量大约是 2′，那么这片天空便小到裸眼看就是一个点。就好似有一个 18 英尺高的房子，其房顶上有一个直径为 1/8 英寸的洞，我们在通过这个洞看星星。想象一下试图通过这样的洞看星星，便会很容易明白在星星的运动中寻找并跟踪它是一件多么难的事情。

这个问题可以通过妥善地安装望远镜来解决，最重要的是使两个轴互相垂直。"安装"是针对全套机械装置而言，借助整套装置，望远镜便可瞄准星星，并在其周日运动中跟踪它。为了不因为一开始就研究仪器的细节而分散读者的注意力，我们先用图 11 说明望远镜座轴的原理。主轴叫作极轴，与地轴平行指向天极。因为地球自西向东旋转，一个与主轴相连的发条装置便使仪器与之同步地自东向西转动。如此，望远镜在反方向上的同步转动便抵消了地球的自转。当仪器瞄准星星，运转发条装置，星星一旦被捕捉到便停留在视场中了。

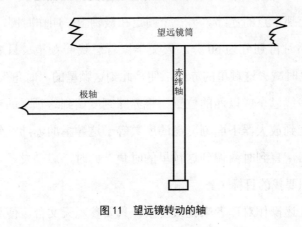

图 11 望远镜转动的轴

---

[1] 这个名词的意思是在望远镜中看到的一小片圆形的天空。——译者注

为了使望远镜可以随意瞄准天空中任意一点，还必须有另一个轴，并且与主轴垂直。这个轴叫作赤纬轴。赤纬轴被穿在一个套子里固定在主轴的上端，与主轴交叉成一个 T 字形。转动安装在这两个轴上的望远镜，便可以瞄准任何我们想观察的目标。

　　极轴平行于地轴，从而极轴与地平的倾斜角度等于当地的纬度。在我们所处的纬度，特别是在美国南部，极轴更倾向于水平，而在北欧各天文台则更倾向于垂直。

　　我们讲的这个装置设备并不能把星星带进望远镜的视场中，用通俗的话说就是不能发现星星。我们可能来回找上几分钟甚至几小时都徒劳无获。寻找星星可以通过以下两个步骤：

　　每个用于天文观测的望远镜都配有一个小望远镜固定在镜筒下端，叫作寻星镜（finder）。寻星镜的放大率较低，因而视场较大。如果观测者能够看见星星，视线就可以沿着寻星镜的镜筒将寻星镜基本上对准星星，星星便在寻星镜的视场中了。在寻星镜中看到星星后移动望远镜，将星星置于视场的中心，此时星星已经在主望远镜的视场中了。

　　但是，天文学家需要观测的大多数天体都是肉眼完全看不见的。因此就需要有一个系统帮助望远镜瞄准星星，这个系统便是刻度盘，被固定在两个轴上。其中一个刻度盘上刻着度数，精确到小数，是望远镜所瞄准的天上那个点的赤纬。另一个固定在极轴上，叫作时圈，划分为 24小时，每小时再划分为 60 分。天文学家若想找一颗星，只要看着恒星钟，用恒星时减去这颗星的赤经，便是此刻这颗星的"时角"，也就是这颗星在子午线以东或以西的位置。将赤纬刻度调到这颗星的赤纬，即转动望远镜直到放大器下面刻度盘的度数等于这颗星的赤纬；然后转动极轴上的仪器，直到时圈调到这颗星的时角。此时，启动发条，便可在望远镜里看到要找的目标了。

　　如果上述操作对读者来说太复杂，只要参观天文台，便会知道做起来有多么简单。相比单纯讲解，实践会让这些学术问题更加清晰明了，几分钟便能让人明白什么是恒星时、时角、赤纬等专业概念。

望远镜的制作

我们再来看一些有趣的问题，主要是望远镜的制作历史。我们已经说过，望远镜制作中的最大难题是物镜的制作，在技术上需要罕见的特殊天赋。物镜最薄的地方只有 1/100 000 英寸，制作过程的细微偏差都将毁坏成像。

使玻璃成型的技术，也就是将玻璃打磨成合乎要求的形状的技术绝不是制作望远镜的全部，制作出均匀度和纯净度符合要求的大型玻璃盘也是同样困难的实际问题。玻璃的纯净度有任何的不完美或有形状上的缺陷都会影响镜片的性能。

19 世纪以前，将火石玻璃制得有足够的均匀度是非常困难的。这种物质含有大量的铅，铅在玻璃熔解的过程中会沉到熔炉底部，从而使底部的折射率大于上部的折射率。于是在当时，口径在 4~5 英寸的望远镜便是大型望远镜了。19 世纪初，一个叫吉南（Guinand）的瑞士人发明了一项工艺，应用这项工艺便可制作出较大的火石玻璃片。他声称掌握这项制作技术的秘密工艺，但是有理由相信，他的秘密就是玻璃在熔炉里熔解的过程中持续用力地搅拌。但是，即便这可能就是事实，他毕竟成功地将玻璃片做得越来越大。

这些玻璃片还需要掌握相关技术的光学仪器制作技师进行打磨和抛光，制作成符合要求的形状。慕尼黑的弗劳恩霍夫（Fraunhofer）便是这样一位大师，大约在 1820 年，他制作了一个口径为 9 英寸的望远镜。他并没有满足于此，约 1840 年，他成功制作出两个口径为 14 德制英寸（约 15 英制英寸）的物镜。二者远远超越了之前的所有物镜，在当时被认为是奇迹。其中一个用在了俄国的普尔科沃天文台，另一个用在马萨诸塞州坎布里奇市的哈佛天文台（Harvard Observatory）。后者在半个多世纪后仍在发挥效力。

佛劳恩霍夫去世后，他的技术不知是失传了还是传给了继承者。不过，他的继承者似乎在一个谁也想不到的地方出现了，这个人是马萨诸塞州坎布里奇市一个名不见经传的肖像画家，名叫阿尔万·克拉克。这个人几乎没有学习过专业技术，也没接受过使用光学仪器的训练，竟然取得了非凡的成就，这件事明显地说明在这种情况下与生俱来的天赋是多么重要。他似乎对问题的本质有一种直觉，在解决问题上又具有非凡的视觉敏锐度。在天赋的强烈驱使下，他在欧洲购买了制作小型望远镜所必需的光学毛玻璃片。在成功制作出一个令其满意的 4 英寸口径的望远镜后，制作上的难度使他的技术为天文学家知晓。

至此，克拉克先生已为国内认可，决心制作一个当时前所未有的最大的折射望远镜。这个望远镜是为密西西比大学制作的，直径为 18 英寸，约完成于 1860 年。在其工作室对该望远镜进行测试期间，他的儿子乔治·B.克拉克（George B.Clark）用这架望远镜发现了一颗最有趣的星星。这是一颗天狼星（Sirius）的伴星，因其具有对天狼星的引力作用已为人所知，但从未有人亲眼看见过。密西西比大学因内战爆发而无法将望远镜拿走，于是为芝加哥市民购得。这架望远镜现在安放于伊利诺伊州爱文斯顿市的西北大学。

大型折射望远镜

英格兰的长思（Chance）和康普尼（Company）有一家玻璃工厂，这家伟大的玻璃工厂继续将玻璃片做得越来越大。但是他们感到这项工作太精细而且太麻烦，便同意将这项工作交给巴黎的费尔（Feil），他是吉南的女婿。在玻璃厂的供应下，克拉克先生制作出的望远镜越来越大。第一架的口径为 26 英寸，为华盛顿的海军天文台（Naval Observatory of Washington）制作，另一架相同口径的是为弗吉尼亚大学制作的。接下来是更大的一架，30 英寸口径，为俄国的普尔科沃天文台制作。再下一个是为加利福尼亚州的里克天文台（Lick Observatory）制作，口径 36 英寸，这架望远镜成绩斐然。

费尔死后，业务由曼陀伊思（Mantois）接管，他做出的光学玻璃在净度和均匀度上超越所有前人。克拉克用他提供的玻璃片为芝加哥大学的耶基斯望远镜制作了物镜。这个物镜的直径大约 40 英寸，是当时用于天文观测的最大的折射望远镜。

最近，不少国家改良了制造光学玻璃的技术。许多制造专家崭露头角，造出了精致的大型透镜。已经有超过 12 架口径大于 26 英寸的望远镜布置在世界各地，用于天文观测。

机械制造方面的技术也得到了提升。现在，人们去参观天文台，一方面会因为观测天象十分便利而惊讶，一方面会为观测的精准而折服。大型望远镜安装得十分稳定，用手推动操作也不费力，还可以通过电机控制快速调整位置。需要把望远镜调整到新位置时，天文学家只需要按下按钮，望远镜就移动过去了。圆顶也会转动让光缝朝向新的方向。观测者站立区域的地板能够灵活升降，方便观测者调整位置。

在进行研究观测时，常常需要去掉目镜，换上别的器械，例如放上具有底片功能的器材进行天文摄影，放上分光镜对天体的光线进行分析，还可以使用某些特别的工具来研究天体的辐射情况。收集光线，把光线集中于一点，让研究人员能够利用上面提到的各种工具进行科学研究，就是望远镜的重要使命。有一些望远镜是固定的，例如威尔逊山天文台（Mount Wilson Observatory）的塔式望远镜，通过活动的镜子把天体的光导向望远镜，望远镜再把光聚焦到下方的焦点上，实验室便可以进行研究了。

第二节　反射望远镜

前面已经讲过，反射望远镜的物镜安装在镜筒的上端，可以是一片透镜，也可以是几片透镜的组合。物镜把星辰的光折射到靠近镜筒下端的焦点上，形成影像，我们可以使用目镜观测这个影像，可以对它进行摄影，也可以使用其他研究手段加以研究。伽利略使用的第一架望远镜就是折射望远镜，大约 300 年以前，所有的望远镜都是折射望远镜。消色法可以优化折射望远镜，经过改良的折射望远镜仍在广泛使用。

反射望远镜的物镜是一个凹面镜，安装在镜筒的下端，物镜会把星辰的光反射到位于镜筒上端的焦点。这就引发了一个问题，人们不得不想办法解决它。观测者需要往镜筒里看，才能看到焦点上的成像，如果观测者趴到镜筒上，会在镜子上看到自己的影子，他的上半身会挡住大部分星辰发出的光。因为存在这个难题，人们不得不想办法，使焦点来到镜筒外，以便于完整地观测成像。人们想出了不同的解决办法，制造出不同种类的反射望远镜，如今在使用的主要有两种：牛顿式（Newtonian）和卡塞格林式（Cassegrainian）。

牛顿式反射望远镜的镜筒内有一个小小的对角斜镜，安装在靠近顶端的焦点处。这面镜子和望远镜的轴的夹角为 45°，来自望远镜中的光线会被它反射到镜筒旁边，这样一来，观测者就可以使用目镜进行观测了，也可以进行摄影。

使用牛顿式反射望远镜，要在镜筒上端附近进行观测。观测者使用目镜观测的方向和观测对象呈直角。大型反射望远镜的观测台对着光缝，与可旋转的圆顶连在一起，可以方便地升降，让观测者从适当的位置观测望远镜指向的方向。

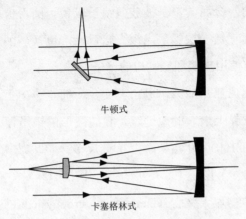

牛顿式

卡塞格林式

图12 牛顿式和卡塞格林式反射望远镜

卡塞格林式反射望远镜内有一个小凸面镜，安装在主镜和焦点之间。这面小镜子可以把汇聚的光反射回主镜，从主镜中央的小开口里穿过，在其后方形成焦点，目镜就安装在这里。观测者在使用这种望远镜时，可以直对所观测的对象，这一点和使用折射望远镜一样。很多反射望远镜既可以当成牛顿式的来用，也可以当成卡塞格林式的来用。

300多年前，反射望远镜开始得到广泛使用，但是此前50年，牛顿、卡塞格林等人已经阐明不同类型反射望远镜的原理。威廉·赫歇尔（William Herschel）制作了许多反射望远镜，并使用其中一些进行了举世闻名的天文观测。100多年前，罗斯爵士（Lord Rosse），一位来自爱尔兰的非专业天文学家，有一架直径6英尺的大型反射望远镜，在那个时代，它已经是其中翘楚了。事实上，之后100年间都没有出现比它更大的望远镜。这架大型望远镜声名远扬，人们用它首次观测到一些具有旋涡构造的遥远天体，后来，这种天体被称作旋涡星云。

早些时候，人们用金属盘（speculum metal）制作反射望远镜的镜子。如果镜面变暗了，就需要进行打磨。和现在相比，赫歇尔、罗斯等人使用的大型望远镜很粗糙。在天文摄影时，望远镜必须准确地跟随观测对象移动——事实上，这是现代天文观测的必要要求，但这些粗糙的望远镜很难满足要求。

约 100 年前，金属的镜子被玻璃镜子取代。圆形玻璃的一面加以适当的打磨，曲面上镀一层银，当银变暗以后，更换新的也十分方便。之后大型望远镜都使用玻璃和银制成的镜子。

位于加利福尼亚州的威尔逊山天文台，拥有一架上百英寸的反射望远镜，一度是世界上最大的望远镜。它的圆形的镜子便是玻璃和银制成的；它的直径有 100 英寸出头，厚 1 英尺多；整块玻璃重达 4.5 吨。这架望远镜安装在一个直径 100 英尺的圆顶中。

多明宁天体物理天文台（Dominion Astrophysical Observatory）位于维多利亚，当时拥有一架 72 英寸的反射望远镜。俄亥俄州的帕金斯天文台（Perkins Observatory）拥有一架口径 70 英寸的反射望远镜，后来被多伦多大学制造的望远镜超过了。除了上述这些，还有很多 5 英尺口径的反射望远镜，威尔逊山天文台就有一架用了几十年的。哈佛天文台在非洲南部的塞尔坡尔建了分部，架设了一架大小相仿的新望远镜，为加强对南天的研究做出了贡献。

加利福尼亚州的工艺馆（Institute of Technology）建造的口径 200 英寸的反射望远镜，超越了上述所有反射望远镜。它使用熔化的石英代替玻璃制作镜子，石英不容易随气候变化而改变，因自重而产生的变形也较小。这面石英圆盘直径 17 英尺，厚 2 英尺。与之前的最大的望远镜相比，它的直径是其 2 倍，聚光能力是其 4 倍，但它的长度只增加了 1/3。这架望远镜会把星辰的光汇聚在 60 英尺之外的焦点上，它被安装在距离帕萨迪纳远近适当的利于观测的地方。

第三节　望远镜摄影

天体摄影是当今天文学实践的一个巨大进步。这个进程其实很简单，以至其进展之慢似乎有些奇怪。早在 19 世纪 40 年代，纽约著名的化学家德雷珀（Draper）教授就成功拍摄了一张月亮的达盖尔银版（daguerreotype）照片。当前应用玻璃底片的照相系统发明后，哈佛天文台的邦德（Bond）教授和纽约杰出的天文学家 L.M. 卢塞福（L. M. Rutherford）先生开始给月亮和星星拍摄艺术照片。卢塞福先生拍摄的照片非常完美，他所拍摄的昴星团照片和其他星团的照片至今仍然在天文学领域具有极高的价值。

普通照相机也可以给星星拍摄照片，只要把它改成一个类似赤道仪的设备，这个照相机就可以在周日运动中追踪星星了。几分钟的曝光足以在一张照片中拍到比肉眼所见多得多的星星；实际上，这在大型照相机上连一分钟都用不上。天文学家普遍使用的是摄影望远镜。普通望远镜就可以满足这个用途，但是为了获得最佳拍摄效果，望远镜的物镜必须是特制的，能够把所有光线都聚集到一个焦点上，从而使相机胶卷达到最佳感光效果。通常情况下，在口径相同时，用于天文摄影的折射望远镜比用于观测的折射望远镜要短一些，这样一来，便可以看到更大范围的星空。摄影望远镜通常有双重物镜，称为双分离物镜（doublet），这是为了使大视野中的成像更清晰以及减少颜色的模糊。巴纳德（Barnard）曾经拍下令人叫绝的银河和彗星的影像，用的便是布鲁斯双分离物镜（Bruce doublet）。哈佛天文台有一架口径 24 英寸的双分离物镜，曾经让我们增加了很多关于南半天球的了解。折射望远镜可以用于肉眼观测，也可以用于摄影，前提是物镜要尽量消除色散。

现在，比起肉眼观测，摄影底片的使用更加频繁。天空晴朗的时候，可以进行大量摄影，留下永久的记录，用于进一步的研究。当发现新的有趣天体以后，例如新的行星或新星，天文学家可以翻阅关于这片天空的早期影像，从历史中寻找蛛丝马迹。发现冥王星时，天文学家就这么做了。

过去天文学家为了记录各种天体、天象，如太阳黑子（sunspot）、日食、行星、彗星、星云，会尽力绘制准确的图。但是，绘制这些图要耗费很长时间，而且难免掺入画家的个人见解。有时候，两位天文学家为同一个天体绘制的图居然毫不相同，或者发现后来的与过去的很不一样。使用摄影技术以后，可以为天体留下更准确的影像，并且不需要耗费很长时间。

为天体进行摄影有一个显著的优势，利用长时间曝光，许多肉眼看不清楚或完全不能发现的物体会在底片上显示出来。举例来说，有些在照片上看起来明亮的星，即便使用最大的望远镜也无法被肉眼观测到。有些天体十分暗淡，要为它们拍摄一张清晰的照片，得耗费数小时甚至更久的时间进行曝光，这就要求望远镜保持精准的移动，要做到这一切，天文学家必须具备高明的技术和足够的耐性。

第三章

太 阳 、 地 球 和 月 亮

第一节　太阳系概况

太阳系是我们居住的行星所在的天体系统，我们已经知道这个相对小型的天体家族是如何自成体系的了。太阳系同宇宙相比是渺小的，但是对我们来说却是宇宙中最重要的部分。在详细描述太阳系里的各种天体之前，我们必须简要了解一下太阳系是由什么天体构成及如何构成的。

首先当然是太阳，太阳系中最亮的天体，太阳系的中心，将光和热散发给太阳系内其他所有天体，凭借强大的引力将整个系统维系在一起。

其次是行星，在各自轨道上围绕太阳公转，地球便是其中之一。"行星"一词本意为"流浪者"，古代使用这个词是因为行星似乎在恒星之间漫游。行星分为两类：大行星和小行星。

大行星有 8 颗，是太阳系中仅次于太阳的大天体。行星与太阳的距离基本上有一个固定的顺序：最近的是水星，距离太阳将近 4 千万英里；最远是海王星，距离太阳 30 亿英里。后者与太阳的距离是水星与太阳的距离的 70 倍。它们公转的时间差距更大。水星在 3 个月之内便可绕行太阳一周，而海王星则要走上超过 160 年的漫长之旅。

大行星分为两个集团，每个集团有 4 颗星，两个集团之间有一道很宽的间隙。组成里圈集团的行星比外圈集团的行星小，里圈 4 颗行星加在一起也没有外圈最小的行星的 1/4 大。

两个集团的间隙中运转的主要是小行星，它们与大行星相比非常小。就我们目前所知，它们都在一条非常宽的带状区域上，范围从距离地球稍远到 10 倍于地日距离。其中大部分与太阳的距离是地日距离的 3~4 倍。它们与大行星的不同还在于数量不明确，目前已知的有 500 颗[1]，新发现的层出不穷，没有人可以断言其准确数量。

太阳系中的第三类天体是卫星（satellites），类似于月亮。其中几颗大行星有一个或多个这种小天体围绕运行，伴随其围绕太阳公转。就目前所知，最里圈的水星和金星没有卫星。至于其他行星，卫星数量不等，地球有 1 颗卫星，即月亮，土星有 8 颗卫星[2]。因此，除水星和金星以外，其他每一颗大行星都有一个类似太阳系的系统，并且处于中心地位。这些系统有时就以中心天体的名字命名，于是就有了：火星系，由火星及其卫星构成；木星系，由木星及其 5 颗卫星[3]构成；土星系，由土星、土星环及其卫星构成。

第四类天体是彗星。彗星围绕太阳运行的轨道是偏心圆。我们只能在彗星接近太阳的时候看见它们，这种情况通常几百年甚至数千年发生一次。就算到了那一时刻，除非具备有利条件，否则也可能看不到。

除了上述天体，还有不计其数的流星体在各自的轨道上围绕太阳运行，它们很有可能在某种程度上与彗星有关。我们肉眼看不见流星体，除非在它们撞击大气层时，那时我们看到的便是流星。

以下列出的是行星及其卫星数量，以距离太阳远近为序：

I. 里圈大行星：

水星（Mercury），无卫星，无光环

金星（Venus），无卫星，无光环

地球（Earth），1 颗卫星，无光环

火星（Mars），2 颗卫星，无光环

II. 小行星，无卫星，无光环

---

[1] 现已确定小行星超过50万颗，已知有编号的1万颗以上。——编者注

[2] 截至2019年，已发现82颗。——编者注

[3] 截至2018年，已发现79颗。——编者注

Ⅲ. 外圈大行星：

木星（Jupiter），79 颗卫星，有光环

土星（Saturn），82 颗卫星，有光环

天王星（Uranus），27 颗卫星，有光环

海王星（Neptune），13 颗卫星，有光环

我们不按照上列顺序依次讲述这些行星，首先来讲太阳，然后跳过水星和金星直接讲地球和月亮，之后再依次讲述其他行星。

第二节 太　阳

　　讲到太阳系，其中巨大的中心天体自然是我们首先关注的。太阳是一个发光的球体。首先我们想了解这个球体的大小以及究竟离我们有多远，知道了它与我们之间的距离便很容易得出它的大小。太阳的直径在我们的视野里形成一个视角，通过测量，能够得出这个角度的值，然后只要知道日地距离，就能够通过计算得到太阳的直径。精确的计算是一个很简单的三角问题。目前已经知道太阳视直径在我们的视点处形成的角度是 $32'$，从而得出这个视角到太阳的距离大约是太阳直径的 107.5 倍。至此，我们若知道日地的距离，只要用这个距离除以 107.5，就可以得出太阳的直径。

　　本节将讲到测定地日距离的几个方法，从而说明如何在天空测量距离。测定结果显示地日距离将近 9 300 万英里。除以 107.5，便得出太阳的直径——86.5 万英里。这一结果是地球直径的 110 倍。由此可以计算出太阳的体积是地球的 130 万倍。

　　已知太阳的密度大约仅为地球的 1/4，约为水的密度的 1.4 倍。准确数据如下：

　　太阳的质量约是地球的 33.2 万倍。

　　太阳表面的重力是地球表面重力的 27.82 倍。人若有可能站在太阳上，一个普通人将重达 2 吨，并将被自己的体重压垮。

　　太阳是地球光和热的源泉，因此对我们极为重要。倘若失去来自太阳的光和热，世界不仅将笼罩在无尽的黑夜之中，而且将很快陷入永久的寒冷。众所周知，在晴朗的夜晚，地球表面因为将白天吸收的来自太阳的热量散发到宇宙空间而温度降低。如果失去日常热量供给，热量将持续散失，最终严寒程度将远远超过现在的北极地区。植物将不能存活，海洋将冰冻，地球上所有的生命都将很快灭绝。

我们所看到的太阳表面叫作光球（photosphere）。我们用这个词指称太阳可视的表面，从而与更外层接近透明的部分以及内部无法看到的部分区分开。在肉眼看来，光球完全是均匀一致的。但是用望远镜看，它的表面是斑驳的，可以形象地比作一盘粥。在最佳条件下仔细观察，光球表面布满了不规则的微小颗粒，这是导致光球表面斑驳的原因。

当我们仔细比较光球各处的亮度时，发现圆面的中心比边缘明亮。透过深色玻璃或者在浓雾之中看太阳，即便不用望远镜也能看出这种差别。圆面的最边缘亮度最低，大概只有中心亮度的一半。边缘和中心的颜色也不尽相同，边缘发出的光比中心看起来更加艳丽。

光球是我们能观察到的极限，再内部的部分就看不到了。光球的表面看上去很光滑，像皮球表面似的，不过它的密度很小，只有我们熟悉的空气的 1/10 000。我们观测光球时，还隔着太阳的"大气层"，它有几万米厚。我们看到光球的边缘更暗更红，一个原因是那里的大气更厚，但主要还是因为那些区域光球更薄。我们看向太阳的边缘，那里大气更厚、温度更低，发出的光也更微弱更红。

太阳的自转

仔细观察发现，太阳同行星一样也在穿过其中心的轴上自转。描述太阳与描述地球可以使用相同的术语，太阳的轴与其表面相交的两点叫作太阳的"极点"。在两极正中环绕太阳的一圈叫作太阳的"赤道"。自转周期大约是 26 天。太阳的周长是地球的 110 倍，那么太阳自转的速度必须比地球的快 4 倍多才能在周期之内完成自转。在太阳的赤道上，自转速度是 1 英里／秒。

太阳自转独特之处是赤道处的自转周期比远离赤道的地方的自转周期短。如果太阳同地球一样是固体，那么太阳各处的自转周期应该是相同的。由此可见，太阳不是一个固体，一定是液体或者气体，至少表面是这样。

太阳赤道与地球轨道面的夹角是 7°。太阳的方向是这样的，我们进入春季时，太阳的北极背离我们 7°，圆面的中心点在赤道以南大约 7°。地球上的夏季和秋季，情况则相反。

太阳黑子

用望远镜仔细观察太阳，通常会在其表面看到一个或多个近似黑色的斑点，但也不是总能看到。这些斑点就是太阳黑子，其随着太阳的自转而转动，正是借助它们，太阳的自转周期很容易测定。如果太阳圆面的中心出现一个太阳黑子，6 天后，这个斑点将转到西面的边缘，并在那里消失。将近两周后它将在东面边缘重新出现，前提是在此期间它没有消亡。

太阳黑子大小不一。有一些很小，即便用性能好的望远镜也很难看见，偶尔也会出现一个大的，用肉眼透过深色玻璃就可以看到。它们经常成群出现，有时肉眼可以看见一小片成群的太阳黑子而看不到其中单个的。有时候一个黑子的直径就能达到 5 万英里，最大的黑子群能够将太阳 1/6 的表面遮住，如图 13 所示。

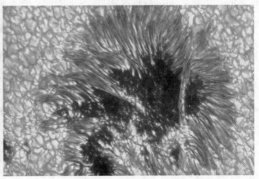

图 13　高倍率放大后的太阳黑子和耀斑

一团团黑子继续发展，沿着和太阳的赤道平行的圆圈分布。顺着太阳自转的方向看，作为头领的黑子通常是所有黑子中个头最大的，也会是寿命最长的，即使别的黑子都消失了，它依然存在。发展到最后，一群黑子通常只剩一些个体。这些余下的黑子都很大。正常情况下，黑子呈圆形，中间部分比较暗，叫作本影（umbra），周边明亮一些，叫作半影（penumbra）。在消散的过程中，黑子会碎裂成若干形状不规则的碎块。通过对太阳黑子近300年的观测[1]，天文学家发现了一个最重要规律，即太阳黑子的活动以11年为周期发生变化。在某一年份，大约半年时间都看不到黑子。1912年和1923年便是如此。接下来的一年会有少量太阳黑子出现，并且在大约5年内逐年增加。然后太阳黑子的活跃度开始逐年衰减，直至这个周期结束，此后活跃度将再次回升。这些变化痕迹可追溯至伽利略时代，尽管直到1843年施瓦布（Schwabe）才发现太阳黑子的活动是有规律的。

太阳黑子的数量以11年为周期发生变化。在太阳黑子最多的时期，也能经常见到深红色的日珥。随着黑子数量变化，日冕的形状会改变。磁暴是地球上的一种现象，能够使指南针失灵，干扰无线电通信，它的强度和频率也和黑子数量相关。黑子数量最多的时候，极光也更多更绚丽。有一些证据表明气候也受这个周期影响。

关于太阳黑子还有另一个值得注意的规律，即太阳黑子不是在太阳上到处都有，而只在太阳特定的纬度上才有。它们在太阳赤道上相当罕见，从赤道向南北纬15°就多起来。从这两个区域至南北纬20°最为活跃，再远活跃度就下降了，纬度超过30°便一个黑子也见不到了。这些区域如图14中所示，阴影越重的区域活跃度越高。如果我们用一个白球代表太阳，用黑点代表太阳黑子，将数年来看到的每一个黑子都点在白

---

[1] 在西方，意大利天文学家伽利略于公元1610年首次发现太阳黑子；而现在公认的世界上第一次明确的太阳黑子记录是公元前28年我国汉朝人观测到的，见《汉书·五行志》："成帝河平元年三月乙未，日出黄，有黑气，大如钱，居日中央。"——编者注

球上，点有黑点的白球看起来就会如图中所示。

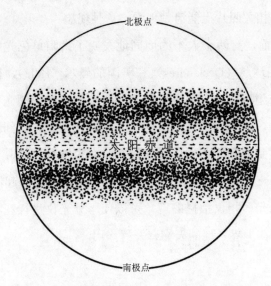

图14 太阳上不同纬度太阳黑子的出现频率

我们还时常能在太阳上观测到比光球明亮的小斑点，它们经常出现在黑子附近，叫作耀斑（facula）。

出现太阳黑子，意味着太阳上刮起了大风暴。太阳上的风暴和地球上的飓风相似，但是比飓风要大很多倍。温度极高的气体在太阳的旋涡里盘旋向上。到达光球层以后，由于压力大大降低，升腾的气体喷涌出来，在表面流动。这样一来，气体得以冷却，温度降低，亮度也变暗，太阳黑子就这样出现了。事实上，这些呈蘑菇形的旋涡的顶部依然很热很亮，但是和周围没有被气流干扰的地方比起来，就显得暗淡了。

地球自转会影响地球上的飓风，在北半球飓风逆时针旋转，在南半球则顺时针旋转。太阳黑子也受这种规律影响，太阳赤道南北两侧的黑子以相反的方向旋转。这种现象是太阳自转的体现之一。但是，太阳上的风暴比地球上的更加复杂，从观测情况来说，作为头领的黑子和跟随着它的黑子常常旋转方向相反，后续出现的黑子旋转方向可能正也可能反。还有一种现象让人感到惊讶：太阳黑子最少的时期结束后，太阳上的旋涡的方向会翻转。

太阳黑子形成的旋涡中心的气压更低，周围的气体会被它吸引，旋转着下降。在相关照片上能清楚地看出这种现象。

100多年前，有两个人不约而同地发明了太阳单色光照相仪，他们是法国的德朗达尔（Deslandres）和美国的黑尔（Hale）。把太阳单色光照相仪安装在望远镜上，就可以给某种特定元素发出的光拍照，例如钙或氢发出的光。使用它给太阳上的氢发出的光拍照，得到谱斑照片，从照片上能观察到太阳黑子周围存在旋涡。有了这种仪器，不必等待日全食（total eclipse）就可以拍摄日珥，这是太阳边缘像凸起的火焰似的部位。太阳单色光照相仪拍摄的现象可以使用分光仪进行观测，这也是黑尔发明的，曾在世界各地的天文台发挥作用。

日珥与色球

日珥是太阳的另一个明显特征。我们对它的认识有一段有趣的历史，这段历史将在讲述日食时提到。用分光镜可以看到太阳上到处释放出大团白热的蒸汽。蒸汽团体积巨大，若将地球投入其中就好比一粒沙子投入蜡烛的火焰。蒸汽团以巨大的速度喷射而出，有时达到每秒钟数百英里。同耀斑一样，日珥在太阳黑子活跃的区域数量庞大，但并不仅限于那些区域。空气的光反射形成了环绕太阳的光芒，太阳的光芒致使我们完全看不到日珥，甚至用望远镜也看不到，除非出现日全食，太阳的光芒被月亮遮挡的情况下才能看到。此时，日珥好似从黑色的月亮表面升腾起来，用肉眼也能看见。

日珥似乎有两种表现形式：爆发日珥和宁静日珥。爆发日珥就像巨大的成片的火焰从太阳上升腾起来；后者似乎飘浮在太阳上面静止不动，就像飘浮在空气中的云朵。然而太阳周围不存在能够让日珥飘浮在其中的空气，尚不明确是什么支撑着日珥。不过很有可能是太阳光的排斥力，这个问题将在后面的章节涉及。

光谱（spectrum）分析表明，日珥主要由氢气组成，混合了钙和镁蒸汽。正是因为氢气，所以日珥呈红色。对日珥的持续研究发现，日珥与一个气体薄层有关，这个气体薄层叫作色球（chromosphere），包裹在光球上面，其深红的颜色与日珥类似。在日珥中，大部分光线看起来都是氢气的光线；也包含了许多其他物质，比例不等。

最后一个值得一讲的太阳的组成部分是日冕。日冕只有在日全食时才能看到，它是太阳外面的一圈柔和的光辉，是太阳放射出的长长的光线，有时比太阳的直径还长。其确切性质目前尚不清楚。我们将在讲日食时详细讲解。

太阳的构成

现在回顾一下我们所看到和了解的太阳是如何构成的。

首先，这个球体的内部是巨大的，当然也是我们无法看到的。

当我们看向太阳时，我们看到的是这个球体的发光表面，即光球。光球不是真正的表面，而更像是一个几百英里厚的气体层，而这一点我们无法从表面上看出来。这个气体层上还有黑子和从其内部或上面升腾出的耀斑。

光球上面的气体层叫作色球，色球可以用高倍望远镜随时观测，但是只能在日全食的时候直接用眼睛看。

火红的色球生成的同样火红的烈焰叫作日珥。

围绕在整个球体外面的是日冕。

这就是我们所看到的太阳。它究竟是什么呢？首先，它是固体、液体还是气体？

我们已经用自转定律说明太阳不是固体，太阳也不可能是液体，因为其表面散发出的大量热能会在非常短的时间内冷却并使熔融的金属凝固。多年来人们一直认为太阳的内部一定是一团气体，来自其上面的巨大压力将其压缩成液体的密度。有一点毋庸置疑，太阳的温度是非常高的。它距离地球 9 000 多万英里，仍然能够导致酷热的夏天，可以想象它自身有多么热。从测量结果来看，这种感觉也是正确的。光球是太阳辐射的直接来源，它的温度高达 6 000℃。

测量太阳温度有不同的方法，它们得到的结果是相同的。这些方法的依据是辐射体的温度和辐射的功率存在一定的关系。例如，斯特藩定律（Stefan's Law）告诉我们，辐射的总功率和温度的 4 次方成正比，也就是说，如果一个辐射体的温度翻倍，辐射出的热量会增大到 16 倍。

想象一个很浅的盆，底面很平坦，深度为 1 厘米，即约 0.4 英寸。向盆底注满水，于是水深为 1 厘米。将这个注水的盆底暴露在垂直的阳光下。太阳向盆底辐射的热量足以使水温一分钟上升 3.5~4℃，或者 7 ℉ 多一点。

接下来假设有一个水做的很薄的球形的壳，厚度为 1 厘米，其半径长度等于地球轨道半径，将太阳置于其中心，这个水做的壳将以刚才的速率升温。这个壳吸收的热量便是太阳辐射的全部热量。由此，我们便可以确定太阳每分钟、每天以及每年释放的热量。

通过这种测算可以得出，太阳表面每平方米的区域都在一刻不停地释放出 6.2 万千瓦的能量。再使用辐射定律，我们可以进一步计算太阳的温度。事实上，在计算太阳的温度时，我们用不到水盆和温度计，我们使用的是一种更加精密的仪器，叫作太阳热量计。多年以来，史密森天体物理学天文台（Smithsonian Astrophysical Observatory）一直在使用这种仪器观测太阳温度。

我们无法穿透光球直接观察太阳的内部，因此想对太阳内部有一个准确的认识非常困难。我们假设越靠近太阳深处压力越大、温度越高。美国物理学家莱恩（Lane）早在 1870 年就对太阳内部的温度进行过测算。他假设太阳内部处于一种稳定的状态，太阳上每一个点的重量都能被下部热气的膨胀力完全支撑。他所要做的就是计算出太阳内部要多热才能保证太阳不被自身的重量压碎。

在历史上，多位研究者热衷于进行关于太阳和天体内部的理论研究，例如英国的爱丁顿（Eddington）、詹姆斯（James）、米尔恩（Milne），爱丁顿推算太阳核心的密度大约是水的密度的 50 倍，温度是 3 000 万~4 000 万℃。米尔恩的计算结果比爱丁顿的还大。

太阳热能的来源

我们已经知道，太阳表面每平方米的区域能释放出 6.2 万千瓦的能量，也知道太阳的直径，因此可以轻松地计算出太阳的表面积，并能进一步计算出太阳每刻所散发的能量有多么巨大。

根据地质学家和生物学家的研究结果，太阳已经保持这个辐射强度几千万年之久，我们不得不想到一个重要且难解的问题。

太阳的能量从哪里来？首先，是直接从光球层来的。但是，光球必须得到源源不断的新能量才能持续不断地向外辐射。那么，保持太阳日复一日地火热了几千万年，似乎永远不会耗尽的内部能量又是怎么产生的？

根据能量不灭定律，能量不能够凭空产生。能量可以从一种形态变为另一种形态，但是宇宙里总的能量是不会增加的。如果太阳不从外部吸收能量，那么它自身的能量一定会按照我们的计算结果不断减少。我们假设太阳储存的能量将有一天耗尽，太阳会逐渐变暗，直到不再发光。但是太阳日复一日地照耀着我们，并不见变暗。这是怎么回事？

我们不要只设想太阳是从高温度逐渐变冷，也不要把太阳发光想象成太阳内部在燃烧。这种情况不能持久。并且，太阳极高的温度也限制了它燃烧。还有一种假设指出有大量流星掉落到太阳里，会为太阳带来新的能量，从而补充辐射所流失的，但这种说法并不符合事实。落入太阳的流星并没有多到补充上那么大量的能量。而且这类来自外部的补充对内部的影响很小，只有内部维持足够高的温度才能保证太阳不破碎。

物理学家亥姆霍兹（Helmholtz）在 200 多年前提出一种假说，他认为太阳热能来源于太阳体积的收缩，这种假说在之后的很长一段时间被广泛认可。亥姆霍兹算出，为了提供所散发的热能，太阳的半径需要每年缩小 140 英尺。按照这种假说来推算，很久以前太阳体积更大、更稀薄。无独有偶，亥姆霍兹的时代，拉普拉斯（Laplace）的假说正盛行，这种假说认为太阳乃至整个太阳系都是由一团稀薄的气体收缩形成的。这种假说描绘了太阳的未来：数百万年以后，太阳变得过于紧密，无法再通过收缩适应热量的损失，那时它的温度降得很低，地球上的生命会失去能量来源。

无疑，拉普拉斯的假说预告了生命的末日，这个可怕的时刻将很快到来——从天文学的角度来说是很快的——那真是一幅了无生机的画面。到了 19 世纪，拉普拉斯的假说受到质疑，因为不管太阳一开始体积多大，要收缩到现在的大小，按照现在的发光率来算，只要花上 2 000 万年就可以得到足够的热能了。如此算来，太阳照耀的时间久远得多，拉普拉斯的假说解释不了太阳在更早的时候如何发热。于是，这个假说预告的未来也就不可信了。更何况，人们并没有确切的证据表明太阳在收缩。

后来，人们发现了放射现象，天文学家由此想到，太阳的热能也许来源于太阳内部镭元素或其他元素的裂变。但是这种设想很快就被计算结果推翻了。不过这种思路并没有被彻底堵死，还有人假设太阳上存在比地球上的铀元素更复杂的放射性元素，但当时的研究水平还不足以发现这种元素。

第三节　地　球

　　我们所居住的星球，作为行星的一员，有资格在天体中谋得一席之地，即便它没有吸引我们注意的特别之处。虽然与宇宙中的大型天体相比，甚至与太阳系中 4 颗大行星相比，其体量是渺小的，但是在其所属的集团中它是最大的。其人类家园的称号毋庸置疑。

　　地球是什么？我们将对其进行最详细的描述，地球的直径将近 8 000 英里，在各部分相互引力的作用下成为一个球体。众所周知地球不是标准的球形，而在赤道处略为凸出。测定其形状和大小是一个极大的难题，我们不能说已经得到令人满意的答案。难度显而易见，因为无法跨越大洋测量距离，所以那些在大陆的海岸上看到的岛屿或者互相对望的岛屿测量起来不可避免地受到局限。测量也无法达至两极。因此，必须从跨越大陆和沿着大陆的测量中推断出地球的大小和形状。[1] 鉴于此项工作的重要性，主要国家必须不时投入这项工作中。美国海岸和大地测量局（Coast and Geodetic Survey）已经完成了三角形中从大西洋至太平洋那条边的测量。北面在北冰洋沿岸的测量工作和南面在太平洋沿岸的测量工作已经启动，或正在进行中。英国不时在非洲进行同样的测量工作，俄国和德国则在各自的版图内进行测量工作。测量出的地球近似椭球体，其较小的直径是两极的连线。椭球体的尺寸如下：

　　极直径：7 899.6 英里，或者 12 713.0 千米。

---

　　[1] 如今人造卫星技术能够更轻松地实现测量。——编者注

赤道直径：7 926.6 英里，或者 12 756.5 千米。

由此可见，赤道直径比极直径长 27 英里或者 43.5 千米。

地球内部

我们通过直接观察所了解的基本上完全局限于地球表面。人类曾经挖掘的最深处相比球体的大小就像苹果皮之于苹果本身。

我请读者首先关注地球的重量、气压和引力。泥土是地球外表面的一部分，我们看一下 1 立方英尺的泥土。地球上层的这 1 立方英尺泥土施加在其底部的压力是自身的重量，可能是 150 磅。其下面的 1 立方英尺泥土与其重量相同，那么施加在其底部的压力就是这块泥土自身的重量加上它上面那块泥土的重量。越往地球深处压力也随之增加。地球内部每平方英尺面积上承受的压力等于 1 平方英尺面积上直至地球表面的柱形的重量。地球表面以下不超过几码压力便以吨计，1 英里深处压力可能是 30 或 40 吨，100 英里深处压力达数千吨，直至地心压力持续增加。在这样巨大的压力下，组成地球内部的物质被压缩至金属的密度。这个问题我们将按照内容安排在后面讲解。已知地球的平均密度是水的5.5 倍，而其表层密度仅是水的两三倍。

地球最值得注意的情况之一是，随着深入地表，矿井深处温度持续升高。上升幅度在不同纬度和不同地区各有差异，通常平均每下降 50 或 60 英尺上升 1 华氏度。

首先出现的问题是，温度增加这个现象会深入地球内部多深呢？我们的回答是，这个现象不可能只在表层，因为如果只存在于表层，地球的外部早在很久以前就冷却了，在地表以下热量也不会显著增加。自地球存在以来热能保持不衰，这一事实说明这个现象一直到地心都一定仍然很剧烈，地表处温度增加的幅度肯定会在深入地球内部几英里后继续上升。

按照这个趋势，在地表下 10 或 15 英里深处，地球中的物质将是红热的，100 或 200 英里深处，高温足以融化组成地壳的所有物质。这一事实使地质学家认为，我们的星球实际上是一团像熔化的铁一样熔融的物质，外面覆盖了一层几英里厚的冷却的硬壳，我们就生活在这层硬壳上。火山的存在和地震的发生增加了这个观点的说服力。地球内部构造见图 15。

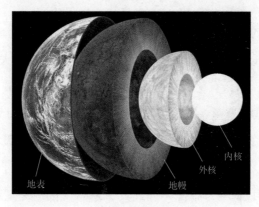

内核

外核

地表

地幔

图 15　地球内部

但是近些年天文学家和物理学家所收集的证据表明，地球从地心到地表都是固体的，甚至比相同质量的钢还坚硬，这些证据之确凿如同证据本身一样毋庸置疑。凯尔文爵士（Lord Kelvin）最早对这个问题做了最全面的阐述。他指出，如果地球是包裹了一层硬壳的液体，月亮的作用就不会引起海洋的潮汐，而只会将整个地球向月球方向拉，并不改变地壳和水的相对位置。

还有一个奇特的现象同样不容置疑，即地球表面纬度的变化，这个问题我们马上就要讲到。内部柔软的星球不能像地球这样转动，不仅如此，甚至硬度不大于钢的星球也不能像地球这样转动。

接下来，我们如何合理地解释极高的温度和固态并存呢？似乎只有一个合理的解释：地球内部的物质因为巨大的压力而保持固体。实验证明，大多数类似地球中的石头的物质温度升高至熔点时受到巨大的压力，在压力的作用下这些物质会再次成为固体。由此可见，温度升高的同时只要增大压力就可以使地球中的物质保持固体。因此，问题的答案就是，随着向地球内部深入，压力增加的幅度大于温度升高的幅度，如此整个球体便一直保持固体。

地球的引力和密度

关于地球的另一个有趣的问题是地球的密度。我们知道，铅块比相同体积的铁块重，铁块比相同体积的木头重。如果从巨大的地球深处取出 1 立方英尺，那么有什么办法测量其重量吗？如果有，我们便能够测量整个地球的实际重量。取得问题的结果取决于物质的引力。

每一个小孩从开始走路的时候就熟悉引力，但是最渊博的哲学家也不知其缘故，科学家也未发现有任何东西遵守它，除了些许普遍的事实。这些事实中最广为流传并且最具普遍意义的就是艾萨克·牛顿爵士的万有引力理论，这个理论据说涵盖了所有问题。根据这个理论，地球表面上的所有物体都在这个神秘力量的作用下向地心的方向掉落，这个神秘的力量不只存在于地心，而是源于组成我们这个星球的物质的每一个粒子所施加的吸引力。起初，事实是否如此尚待考证。甚至惠更斯（Huyghens）这样伟大的哲学家和物理学家也认为这个力只存在于地心，而不是如牛顿所认为的存在于每一个粒子。而牛顿却进一步发展他的理论，指出现已查明的宇宙中的物质，其每一个粒子都在这个力的作用下吸引其他粒子，而这个力随着距离的平方的增加而减弱。这意味着，距离加倍引力就要用 4 去除，距离是 3 倍引力就要用 9 除，距离是 4 倍引力就要用 16 除，以此类推。

清楚了以上问题，另一个问题随之而来。我们周围的所有物体都有各自的引力，那么我们能够用实验揭示这个力，测量出这个力的值吗？数学理论表明，球体可以凭借与其直径相称的力吸引在其表面上的小物体。一个直径 2 英尺的球体，与地球比重相同，其引力是地球引力的

1/20 000 000。

有几个物理学家成功地测量了直径在 1 英尺左右的铅球的引力。这项测量工作的精细程度和难度前所未有，所达到的精度似乎是从前难以想象的。所使用的设备原理都是最简单的。一个重量非常轻的杆子用一根最细的线水平吊在球的正中间，这根线是用所能找到的柔韧性最好的材料做成的；在杆子的两端各加一个小球以保持杆子的平衡。所测量的是这个铅球施加在这两个小球上的引力。铅球放置的位置要能使铅球的引力集中作用在杆子上，使杆子在水平面上发生非常小的扭动。为了说明这项测量的难度，我们必须想到这个引力可能还不及这两个小球重量的 1/100 000 000。寻找重量不超过这个力的物体是非常困难的。用一只苍蝇的重量和这个力做比较就像用一头公牛的重量和一剂药做比较。不要说一只蚊子的重量，就连蚊子最细的一条腿也可能超过要测量的这个力。把蚊子放在显微镜下，专业操作人员可以从一条触须上切下一小片，小到足以代表要测量的这个力。

美国度量衡标准局的赫尔（Heyl）测算出万有引力的常数。他测算的结果是，地球的平均密度是水的密度的 5.5 倍略多一点。这个结果比铁的密度稍小，但是比任何普通的石头都大很多。由于地壳的平均密度也就是这个数值的一半，从而可以推断地心的密度一定被压缩得不仅远远大于铁的密度，而且很有可能超过铅的密度。

早在 100 多年前就已经测量出了山的引力。1775 年，马斯基林（Maskelyne）首次揭示了苏格兰的舍哈连山的引力。可以很明显地看出，对所有高山进行的密度测量都是在垂直线上进行的。

纬度的变化

我们知道，地球的自转轴穿过地球中心与地球表面相交在两极。想象我们站在地球的一个极点上，拿着一根固定在地上的旗杆，我们将在地球自转的作用下每 24 小时围绕旗杆转动一周。我们之所以能感受到这个运动，是因为太阳和星星在周日运动的作用下看上去在地平圈上沿反方向运动。现在我们有了一个重大发现——纬度处于变化之中：地球的自转轴与地球表面的交点不是固定的，而是在沿着直径将近 60 英尺的圆周做不规则不固定的曲线运动。也就是说，站在北极点上日复一日地观察极点的位置，会发现极点每天或多或少移动几英寸，经过一段时间后，围绕一个圆心走出一条曲线，在这个过程中极点离圆心时远时近。这个不规则的圆周运动的周期是 14 个月。

既然我们从未到过极点，那么问题来了：这个现象是如何被发现的呢？答案是，通过天文观测，我们可以在任何一天的夜晚测量当地的垂直线和当日地轴的精确角度。为了进行这项观测，国际大地测量协会于 1900 年环绕地球建立了四个观测站。其中一个观测站在马里兰州盖瑟斯堡附近，另一个在太平洋沿岸，还有一个在日本，最后一个在意大利。在这些观测站建立以前，欧美的许多地方都进行过此项观测。

我们刚刚所讲的纬度变化现象最初是由德国的库斯特耐尔（Küstner）于 1888 年提出的，他是在大量的天文观测中意外发现这个现象的。从此便开始了旨在测定精确的曲线轨迹的科学研究。迄今为止的观测显示，这个变化在某些年份较大，在某些年份较小，1891 年变化相当大，而 1894 年变化就非常小。观测显示，7 年当中会有一年极点运行的圆圈较大，而 3~4 年之后，会有几个月极点几乎不离开圆心。

如果地球是由液体构成的，或者是由硬度相当于钢铁的物质构成的，那么地轴是不可能像这样运动的。因而，我们的星球一定比钢更坚硬。

大气层

无论在天文学意义上还是在物理学意义上，大气层都是地球最重要的要素之一。尽管它是我们生活中所必需的，但它依然是天文学家必须逾越的最大屏障之一。它对穿越其中的所有光线都或多或少地吸收了一些，因而我们所看到的天体的颜色是有些许改变的，即使在最晴朗的天气，也因此而略微暗淡。大气层还对穿越其中的光线产生折射，使光线画出略微弯曲的轨迹，凹面面向地球，而不是垂直射进天文学家的眼睛。这种现象使得星星看起来离地平线比实际略高。从天顶径直射下的星光不发生折射。星星离天顶越远折光越严重，然而即使离天顶45°远，折光之差也只有1′的弧度，这大约是肉眼能够清晰察觉的最小距离，对天文学家则意义重大。天体离地平线越近，折光率越大；折光率在地平线之上28°是在地平线之上45°的大约2倍；在地平线上眼见的天体由折光引起的升高已在半度以上，比太阳和月球的直径都要大。这种情况导致的结果是，当我们在日落或者日出看到太阳即将触到地平线时，太阳实际上已经全部在地平线以下。我们看到的完全是太阳光发生折光的结果。地平线附近折光率增大导致的另一个结果是，在地平线附近太阳明显看起来扁平，其垂直直径要比水平直径短一些。有机会在海上看日落便可以注意到这种现象，其产生的原因是太阳底部边缘的折光率大于太阳顶部边缘的折光率。

　　当太阳在热带晴朗的空气里慢慢落进大海的时候，会看到一种美丽的景象，而这种景象在我们所处的纬度这种能见度较低的空气中几乎从未出现过。这种景象的产生缘于大气层中各种光线不相等的折射率。大气层同三棱镜一样对红光的折射率最低，光谱中按照折射率由低到高排列，红色后面的颜色依次为黄色、绿色、蓝色和紫色。这种情况导致，当太阳的边缘渐渐沉入大海的时候，这些光线也依次相继消失。在太阳即将消失前两三秒钟，太阳的余晖变化颜色并迅速变得暗淡。最后一瞥是转瞬即逝的一道绿色的闪光。

第四节　月　球

经过各种方式测量，月球到地球的平均距离不到 24 万英里。这个距离是直接测量视差（parallax）得出的，后面会具体解释，还可以通过计算月球在太空中在围绕地球的轨道上周期运行得出月球到地球的距离。月球的轨道是椭圆形的，因此实际距离会出现不同结果。有时这个距离不到 1 万英里或 1.5 万英里，有时则大于平均值。

月球的直径比地球直径的 1/4 大一些，准确地说是 2 160 英里。最精密的测量都显示其无异于一个球体，只是表面非常不规则。

月球公转和月相

月球伴随地球一道围绕太阳公转，如图 16 所示。这两种运动结合在一起似乎有些复杂，但其实并非如此。想象高速行驶的火车车厢中央有一把椅子，一个人以 3 英尺为半径围绕椅子行走。他可以一直这样一圈一圈地走，不会改变他与椅子的距离，火车的行驶也不会给他造成任何不良影响。如此，地球在其轨道上向前运行，月球持续围绕地球旋转，而相对于地球的距离并不会发生多大变化。

月亮绕地球公转的实际时间是 27 天零 8 小时，但是从一次新月到另一次新月的时间是 29 天零 13 小时。这种差异是地球围绕太阳的公转造成的，或者说是太阳沿着黄道的视运动造成的，二者其实是一回事。

如图 16 所示，AC 弧是地球绕日公转轨道上的一小段弧。设想某一

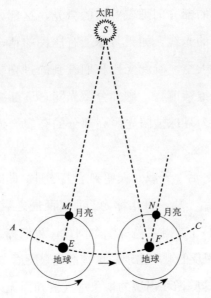

图 16　月球绕地球的公转

时刻地球在 E 点，月亮在 M 点，正好在地球和太阳之间。27 天零 8 小时之后地球将从 E 点移动到 F 点。在地球运行的同时，月球也如箭头所示的方向在轨道上运行到达 N 点。此时直线 EM 和 FN 平行，月球完成一个公转周期，看起来在群星中的位置似乎与之前相同。可是太阳现在在 FS 方向上，因此月球必须继续运行才能和太阳在一条直线上。这还需要 2 天多的时间，于是两次新月之间的时间就成为 29 天半。

　　月亮的不同月相取决于其相对于太阳的位置。作为一个不透明的球体，月球本身不发光，我们只能在太阳光照射在它上面的时候才能看见月亮。当月球在地球和太阳之间时，月球的暗面面向我们，月亮便完全看不见了。月亮在这个位置上时历书上称为新月，但是我们通常在此之后将近两天都看不到月亮，因为暮色的微光遮蔽了月亮。不过，此后第二天或者第三天我们会看到月球被太阳光照亮的一小部分，呈现出那熟悉的纤细的月牙形状。我们通常将这一轮月牙称为新月，尽管历书上给出的新月时间要早几天。

　　月亮在这个位置上时，如果天气晴朗，我们可以连续数天看到整个月面，亮度较暗的部分闪烁着苍白的微光，这部分苍白的微光是从地球反射到月球上的光线。如果月球上有居民的话，此时会看到地球像一轮满月出现在天空，看起来比我们看到的月亮要大多了。月亮在其轨道上日复一日继续前行，这部分微光随之逐渐减弱，大约上弦月时，这部分微光因为月球被阳光照亮部分的亮度增强而从我们的视线中消失。

历书上的新月之后 7 天或 8 天便到了上弦月。此时我们看到了半个被照亮的月面。此后一周，月相称为凸月。两周之后月亮正对着太阳，我们看到了月球的整个半球，就像一个圆盘，我们称之为满月。在剩余的周期里，月相以相反的顺序出现，这些都是众所周知的。

我们可能觉得这些循环出现的现象尽人皆知而无须赘述，然而，在《古舟子歌》（英国诗歌）中描述了一颗星出现在月亮的两个尖角之间，好似那里没有漆黑的天体阻挡我们的视线而根本看不到星星一样。也许不止一首诗描写过东方天空的新月，又或者傍晚西方天空的满月。

月球表面

我们用肉眼即可看到月球表面分为明暗两个区域。暗的地方经常被想象成一副模糊的人的面孔，鼻子和眼睛尤其明显，即所谓"月中人"。用最小的望远镜我们就能看到月球表面变化多端，望远镜倍数越高看到的细节越多。在望远镜中首先看到的是高地，或俗称高山。这些高山的最佳观测时间是上弦月时，因为此时这些高山投下了影子。满月时这些高山就看不这么清楚了，因为我们看这些高山的角度是垂直的，并且所看到的都是明亮的。虽然这些起伏的地形叫作高山，但是它们的形状与地球上一般的高山不同，却与地球上大火山的火山口极为相似。最常见的像环形的堡垒，直径从一英里至几英里，山壁可达数千英尺高。堡垒的里面好似碟子，大部分表面是平坦的。上弦月时我们能够看到山壁的影子投射在堡垒里面平坦的表面上。在堡垒的中间经常会看到小的圆锥体。堡垒的内表面并不是完全平坦和光滑的，望远镜倍数越高我们看到的细节越多。现在我们尚不清楚这些高山是由什么组成的；它们也许是整块实心的石头，也许是成堆的松散的石头。因为我们看不到月球上的细节，即使用倍数最高的望远镜也是如此，除非望远镜的直径超过100英尺，所以我们还不清楚月球表面最细微处的准确性质。月球表面如图17所示。

图 17　月球的表面

　　早期用望远镜观测月球的人认为那些暗的区域是海，明亮的区域是陆地。这种认识基于那些较暗的区域看起来比其他地方光滑，于是人们给这些假想的海起了名字，如雨海（Mare Imbrium）、澄海（Mare Serenitatis）。这些名字尽管富于幻想色彩，但仍保留下来用以表示月球上那些大的暗区。然而望远镜的些许改进显示这些暗区是海的观点是错觉。这些区域的表面都是不均匀的，说明那里一定是固态的。外观上的差异是由月球表面物影的明暗造成的。

它们在月球上的分布很奇怪。其中一个最显著的特点是，月球上某些地方放射出长长的明亮的线。低倍望远镜也能看到其中最明显的，眼力好的甚至不用望远镜也能看得到。我们所看到的一半月球的南部有一块巨大的区域称为第谷环形山，那里放射出大量这样的明亮条纹。这些明亮的条纹看上去就好像月球曾经裂开了，裂缝中充满了熔融的白色物质。

有关月球的相当重要的问题之一就是月球表面是否存在空气和水。科学家给予这些问题的回答至今都是否定的。当然这并不意味着月球上绝对没有哪怕地球上的一滴水或一丝丝空气；我们只能说如果月球周围有大气层也极为稀薄，我们从未发现其存在的任何证据。倘若月球有大气层，那么其密度哪怕只有地球大气层密度的1%，当星星掠过月球时，星光也会折射出大气层的存在。然而，在折射中没有发现任何迹象。如果月球上有水的话，也一定隐藏在看不见的裂缝里，或者散布在月球内部。如果赤道区域有大片的水存在，那么这些水每天都会反射太阳光，就会因此而清晰可见。这些水也会蒸发，形成或多或少的水蒸气。

以上种种似乎解决了另外一个重要问题，即月球是否适宜居住。地球上存在的生命至少需要水来维持生存，同时也需要空气。

完全没有空气和水导致月球上的情形是我们在地球上从未经历过的。目前最细致的勘察表明，月球表面从未发生过丝毫的变化。地球表面上的石头持续受到天气的侵蚀，历经岁月后逐渐解体或者在风吹和水流中消失殆尽。但是月球上没有天气变化，其表面上的石头可能静止在那里历经不知多少载却从未受到过任何因素的影响。当太阳照射月球时月球表面急剧升温，当太阳落下时又迅速冷却。目前我们观察到，整个月球表面除了温度的变化绝对没有任何现象发生。这就是月球，一个没有天气变化，不曾有任何现象发生的世界。

月球的自转

月球的自转问题经常使许多人困惑，我们需要解释一下。任何仔细观测过这个天体的人都会发现月球面对我们的总是同一个面，这表明月球的自转与其围绕地球公转的周期相等。经常会有观点认为这表明月球根本不自转，也有很多针对这个问题的论述。这个问题的困难之处在于人们对运动的概念认识不同。物理学认为，如果一根杆子穿过一个物体，当这个物体运动时这根杆子永远保持同一个方向，那么这个物体就不发生自转。现在我们来设想这样一根杆子穿过月球；如果月球不发生自转，那么月球在围绕地球公转的过程中出现在其轨道上的不同点时，这根杆子都将保持同一个方向，如图 18 所示。对这个图稍做研究便可看出，如果月球不发生自转，那么月球在其轨道上向前运动的过程中我们就会连续看到月球表面的每一个部分。

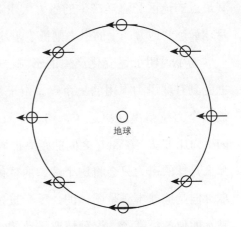

图 18　假如月球不自转时月球的运动

月球如何引起潮汐

在海边居住的人都知道大海有潮起潮落，一般每天发生的时间平均比前一天延后 45 分钟，并且与月球的周日视运动保持同步。也就是说，今天涨潮时月亮在天空中某个位置，那么一旦月亮在那个位置出现或在那个位置附近就会出现涨潮，如此日复一日，岁岁年年。我们都听说过是月球作用在大海上的引力产生了潮汐。我们很容易理解，当月亮在一个地区上空时，其引力会使当地的水面升高；然而实际情况往往让那些在这个问题上不是很专业的人感到迷惑，一天有两次潮汐，涨潮不仅发生在地球正对着月球的那一面，而且在地球背对着月球的一面也同时发生。对于这个问题的解释是，月亮不仅对地球上的水体产生引力，实际上对地球本身也产生引力。月亮对整个地球和地球上的一切持续产生一个向它那个方向的拉力。由于月球围绕地球每个月公转一周，因此维护了地球的持续运动。如果月球对地球的各部分包括海洋在内产生的引力相等，那么就不会出现潮汐了，地球上的一切也将一如既往，就像根本没有引力一样。然而，由于引力与距离的平方成反比，月球对地球上离其最近的地区和海洋产生的引力大于对地球引力的平均值，而对那些离月球最远的地方产生的引力则低于平均值。

为了说明上述变化产生的影响，如图 19 所示，A、C、H 代表地球上受到月球引力作用的三个点。由于月球对 C 产生的引力大于 A，C 便被这个力拉得离 A 更远了，增大了 A 和 C 之间的距离。同时作用在 H 的引力比 C 大，H 和 C 之间的距离也增大了。如果整个地球都是液态的，那么月球的引力只会将这个液态的球体拉成椭球体，其长直径将指向月球。但是地球本身是固体的，不会被拉成这种形状，而海洋是液体，于是水面便被拉高了。这种情况导致的结果参见下图，由于海水在月球引力的作用下水面升高，地球便成了椭球体，椭球体的两端发生涨潮，而中间地区则出现退潮。

引力线　　　　　月球

图 19　月球如何每日引起两次潮汐

若要完整解释这个问题需要讲到运动定律，而运动定律不可能在这里讲解。但是我想说的是，如果月球对地球的引力永远在同一个方向上，那么这两个天体只要几天就会被拉到一起。然而由于月球围绕地球公转，引力的方向永远在变化当中，因此地球在月球引力的作用下一个月里也只偏离其平均位置大约 3 000 英里。

有观点认为，如果月球以这种方式引发潮汐，涨潮将永远发生在月球经过子午线的时候，而退潮发生在月球处于地平线上的时候。但事实并非如此，原因有两点。首先，月亮将水体拉伸成椭球的形状需要时间，而月球一旦给予水体形成椭球体所必需的动力，这个力在月球经过子午线之后仍然持续，就像石头离开手之后仍会继续向上，或者波浪在水的作用力之下仍然向前涌动。另一个原因存在于陆地对动力的阻断。潮浪遇到陆地后会依据地形改变方向，而从一处涌向另一处也需要很长的时间。因此对比各地的潮汐会发现其非常不规则。

太阳也像月球一样引起潮汐，但是影响较小。在新月和满月的时候，太阳和月球合力引起最大的涨潮和退潮。沿海居民对此都很熟悉，称其为大潮（spring tides）。在上弦月和下弦月的时候，太阳的引力和月球的引力相反而相互抵消，潮水不会涨得太高也不会落得太低，称为小潮（neap tides）。

第五节 月 食

读者一定都知道，月食的成因是月球进入了地球的阴影，而日食的成因是月球在地球和太阳之间经过。清楚了这一点，我们来讲一讲这两个现象比较有趣的特质，以及这两个现象发生的规律。

第一个值得思考的问题是：既然地球的阴影永远在背对太阳的一面，那么为什么不是每次满月时都会出现月食呢？答案是，月球通常在地球阴影的上方或下方经过，因此光线没有受到遮挡，也就没有形成月食。如图 20 所示。出现这一现象的原因是，月球轨道略微倾斜于黄道面，形成大约 5°的夹角，地球在黄道面上运行，阴影的中心也永远在黄道面上。像我们以前曾设想的那样在天球上标记出黄道，月亮每个月的运行轨道也标记出来。于是我们会发现月球轨道和太阳轨道相交于相对的两点，两个轨道的夹角非常小，只有 5°。相交的这两点叫作交点（nodes）。在一个交点上，月亮从下方或者说从黄道南面向黄道北面运行。这个点叫作升交点（ascending node）。在另一个交点上，月亮从黄道北面向黄道

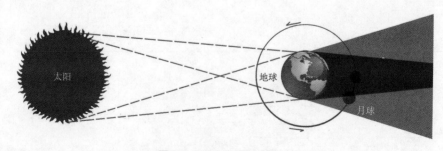

图 20　月球在地球的阴影中

南面运行。这个点叫作降交点（descending node）。用"升"和"降"这两个词来说明这两个点是因为对在北半球的人来说，黄道赤道的北半部分在其南半部分的上方。

在这两个交点的中点上，月球的中心在黄道上的距离大约是月球到地球距离的1/12，也就是大约2万英里。因为太阳比地球大，所以地球的阴影投射出去以后，距离地球越远越小。在地月之间，地球阴影的直径大约是地球直径的3/4，即大约6 000英里。其中心在黄道面上，因此在黄道面上下的延伸范围大约3 000英里。由此可见，月球只有在接近交点时才能经过地球的阴影。

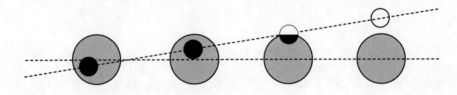

图21　月球通过地球的影子

设想我们在月球即将进入地球阴影时在月球上看太阳和地球。地球看起来比太阳大得多，正在接近太阳，最终开始进入日面并阻挡了一部分太阳光。发生这个现象的区域叫作半影，如图21所示，这个区域在阴影之外。只要月亮在这个区域，普通的观测者是注意不到其光线的衰减的，虽然光度测量可以精确地测量出来。直到月亮开始进入实际的阴影区域才能说月食出现了，此处太阳的直射光全部被遮挡了。

食　季

太阳和月球的连线显然会随着地球围绕太阳转动而转动，因此在一年之内会两次经过黄白交点。这也就是说，假设在天空标出交点，升交点在一点，降交点在相对的点上，我们会看到太阳在一年之内分别经过这两个点。当太阳经过一个交点时，地球的阴影则似乎经过另一个交点。

一年中只有两次日食或月食，就是接近这两个点时才发生的。我们称之为食季。食季通常持续大约一个月；也就是说通常从太阳接近交点足以产生日食到太阳远离交点而不能产生日食大约是一个月的时间。1930年的食季是 4 月和 10 月。

如果黄白交点在天空的位置不变，月食只能发生在某两个月。但是，因为太阳对地球和月球的引力作用，交点的位置一直在二者运动的相反方向上发生变化。每个交点围绕天球旋转一周需要 18 年零 7 个月，食季倒转也在这个相同的周期内，食季每年较前一年平均提前 19 天。

月食的样子

在月食即将开始的时候观测月球，会看到月球东侧边缘的一小部分逐渐变暗并最终消失。随着月球在其轨道上前行，越来越多的月面因为进入阴影之中而消失在视线里。但是如果仔细观察就会看到掩盖在阴影之中的部分并没有完全消失，只是光线非常微弱。如果月球完全进入阴影里面，便是所谓的月全食；若只是月球的一部分进入阴影，称为偏食。月全食时，照在月食上的光线清晰可见，因为没有被未出现月食的部分的耀眼光线淹没。这些光线呈现暗红色，来自地球大气层的折射，这在前面的章节中已经讲过。因为这个缘故，那些仅仅掠过地球或者照在地表边缘的太阳光发生折射而弯曲，改变了轨迹而投射进阴影里。于是，阴影里充满了这些光线并照在月球上。这个红色和落日的红色成因相同，即绿光和蓝光被大气层吸收，只有红光穿过了大气层。

每年会发生两次或三次月食，其中至少有一次几乎是全食。当然，地球上只有当时月光照耀下的那个半球才能看见月食。

发生月食时，在月球上则可看到由于地球遮挡而形成的日食。这个现象的原因我们已经讲过，此时对于从月球角度的观测再简单不过了。从月球上看，地球的视大小较之月亮无比巨大，其视直径是太阳视直径的 3~4 倍。起初，当这个巨大的天体接近太阳时是看不到的。观测者看到的是地球一路前行遮挡了越来越多的太阳光，而并不是地球本身。当地球几乎完全遮住太阳时，地球的整个轮廓便在一圈红色光线的包围之中呈现出来了，这圈红色的光线是地球大气层的折射形成的。最后，当太阳放射出的最后一缕阳光消失以后，除了这个明亮的红色光环其他什么都看不见了，光环里面漆黑一片，地球上的一切都看不到了。

月食与日食有很大不同，日食将在下一节里讲述。月食发生时，当时地球被月光照耀的整个半球都可以看到。在月亮升起即是全食的情况下，会发生一个奇怪的现象。此时我们会在地平线的东方看到月全食，而在地平线的西方仍然看到太阳。这个现象看似矛盾，其实此时太阳和月亮都在地平线以下，却被折射到地平线之上，于是我们便能同时看到二者。

第六节　日　食

如果月球恰好在黄道面上运行，就会在每次新月之际通过日面。然而，由于其轨道面是倾斜的，这一点在前面的章节已经讲过，月球只有在太阳恰好接近其中一个黄白交点时才能真正通过日面。而当这一现象出现时，倘若我们在地球上恰当的位置，就可以看到日食，如图22所示。

假设月球通过日面，第一个问题便是月球是否可以在我们的视线中将太阳完全遮蔽。这个问题不取决于两个天体的实际大小，而取决于它们的视大小。我们知道太阳的直径是月球直径的400倍，而且太阳与地球的距离也是月球与地球距离的400倍。于是出现了一个奇怪的现象，两个天体在视觉上几乎一样大。有时月亮看起来稍微大一些，有时太阳看起来大一些。前一种情况月亮可以完全遮住太阳，而后一种情况就不能了。

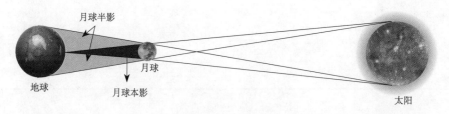

图22　日食形成示意图

月食和日食的一个重要不同之处是，前者在任何能看得到的地方永远都是一样的，而日食则取决于观测者的位置。最有趣的日食是月球的中心恰好与太阳的中心重合，称为中心食（central eclipse）。要看到中心食，观测者必须处在两个天体中心点的连线上。此时，如果月球的视大小超过太阳的视大小，月球就能在视线中完全遮住太阳，此刻称为日全食。

如果太阳看起来大一些，形成中心食的时候月球漆黑的球体外面将包围一圈太阳的光环，这种中心食称为环食（annular eclipse），如图23所示。

图23 日环食全过程

太阳和月球中心点的连线沿地球表面掠过，可以用一条线在地图上画出其轨迹。这种标有日食的区域和路线的地图出现在天文星历中。日全食和日环食发生在太阳和月球中心点连线南北两边几英里的区域内，到目前为止从未超过100英里。在这个区域之外只能看到日偏食，即月球部分遮住太阳的日食。在地球上太远的地区则根本看不到日食。

美丽的日全食

日全食是大自然的视觉盛宴之一。要看到最佳观赏效果应该站在地势较高的地方，视野尽可能开阔，可以环顾周围很远，特别是要在正对月亮的方向。最先看到的不同寻常的迹象不是在地球上或空气中，而是在日面上。在事先预测的时刻，太阳西边的轮廓上出现了一个小缺口。这个缺口分分秒秒都在增大，逐渐将眼前的那个太阳吃掉了。难怪没有开化的人们看到这个巨大的发光体就这样消失了会幻想有一条龙正在吞吃太阳。

一段时间过去了，也许是一个小时，除了行进中的月亮遮蔽的日面越来越大，看不到其他什么。在这段时间里，如果观测者站在一棵树旁，太阳光穿过树叶的间隙照在地面上，将会看到很有趣的情形：太阳散布在地面上的小影子会出现日偏食的形状；很快太阳看起来就像一轮新月了，只是"新月"的形状不是越来越大，而是分分秒秒都在变小。我们的眼睛已经适应了逐渐微弱的光线，直到新月变得非常小我们才察觉天色暗了。如果观测者有一个带有深色玻璃用于观测太阳的望远镜，此时将是观测月亮上的山体的绝佳时机。太阳完整的边缘依旧柔和而整齐，而新月的里面由月球表面形成的边缘则粗糙而凹凸不平。

当新月即将消失的时候，崎岖的月球表面上一直向前推进的山体也将到达太阳的边缘，只留下一行光的残迹和光点，在月球表面的凹陷处闪烁。这种景象只持续一两秒钟便会消失。

现在眼前呈现出一幅壮丽的景象。天空晴朗，太阳当空，我们却看不到太阳。本应是太阳所在的地方挂着漆黑的月球，像往常一样在半空中。月球外面包围着一圈灿烂的光辉，放射出圣洁的光芒。这就是日冕，在关于太阳的章节中已经述及。尽管日冕的亮度肉眼足以看清，但是用低倍望远镜看效果最佳，甚至普通看戏用的小望远镜可能也够用。用高倍望远镜只能看到一部分日冕，反而丧失了最佳效果。就目前谈及的观测效果，放大率为10倍或12倍的普通小望远镜比最大的望远镜更好。这样的仪器不仅可以看到日冕，还可以看到所谓的日珥——好像奇异的粉红色云朵从黑色的月球上四处跃起。

古代日食

值得注意的是，尽管古人熟悉日食现象，完全认识了日食，非常清楚其成因，甚至推算出其发生规律，然而在古代历史学家的著述中却鲜有这些现象的具体记述。古老的中国编年史时常记载某省份或某城市附近于某时发生了一次日食，却没有详细描述。不久前，亚述研究者解读出古代石碑上的一句话，意思是公元前 763 年 7 月 15 日在尼尼微出现了一次日食。我们的天文表证实在那一天的确有一次日全食，其间尼尼微以北 100 英里甚至更远的地方都笼罩在阴影之中。

或许最著名的古代日食是泰勒斯（Thales）日食，关于这次日食的论述最多。其主要历史依据是希罗多德（Herodotus）的一段记述，是说吕底亚人（Lydians）和米底人（Medes）发生战争时，白昼突然变成黑夜，两军于是停火并迫切希望彼此达成和平条约。据说泰勒斯曾对希腊人预言过这种天象，甚至说了发生的确切年份。我们的天文表证实公元前 585 年的确发生过一次日全食，与提到的那次战争的时间非常接近，但是我们现在已知那次日全食产生的阴影直到日落才能到达那场战争发生的地方，因此对其仍有质疑。

日食预测

日食的发生有一个奇怪的规律，古时就已知晓。其依据是，历时 6 585 天 8 小时或者 18 年零 11 天，太阳和月球回到与此前几乎相同的位置，这个位置是个相对位置，是相对于月球轨道交点和近地点而言。这个时间段称为沙罗周期。一个沙罗周期结束之时各种日食开始重现。例如，1900 年 5 月出现的日食被认为是发生在 1846 年、1864 年和 1882 年的日食的再现。但是，当一次日食再次出现时，在地球上的同一地点却看不到了，这是缘于周期中整数之外的 8 小时。在这 8 小时中，地球自转了 1/3 圈，致使能看见日食的区域发生了变化。每一次日食发生时，能看见日食的地点都在前一次能看见日食的地点的西面，相距 1/3 球面的距离，或经度相差 120°。经历三个周期之后日食才会在几乎相同的位置上出现。与此同时，月球的运动路线也发生了改变，因此阴影覆盖的区域也会发生南移或北移。

有两个系列的日食以全食持续时间长著称。其中之一是 1922 年 9 月 21 日发生的那次，1940 年 10 月 1 日出现在南美洲的日食是它的再现，全食持续了大约 6 分钟。

另一个更加引人关注的是 1901 年 5 月 11 日那次日食所属的系列，在整个 20 世纪，它每次发生，全食的持续时间都会变长。1937 年、1955 年、1973 年全食时长超过 7 分钟。日全食的最长时间是 7 分半钟。

日　冕

日全食最美之处在于日冕，也只有在日食时我们才能看到日冕。日冕是太阳外围一种柔和的光，当全食发生时会突然显现，当全食结束便消失了。通过天文照片能观察到日冕结构复杂，而且它的形状会随着黑子数量的变化发生改变。

差不多和太阳黑子数量最多的时间同期，从太阳各个位置观察到的日冕大小都差不多。它就像太阳这个圆盘上一朵盛开的天竺牡丹，向圆盘外均匀地散开花瓣。日冕的特征是暗色的流光和红色的拱门似的凸起。

到了太阳黑子最少的时间，日冕集中到两极，像从极地射出的穗子，向着太阳的赤道弯曲。这种景象很像我们观察到的磁铁吸附铁屑的样子。日冕还有另一个值得注意的特点，它的长长的流光会在太阳赤道附近展开，像鸟的翅膀。

如果只是当作美景来欣赏，日冕无疑是天文现象里最佳的一种，可惜它对天文学研究没有什么帮助。的确，日冕看上去非常稀奇，在稀少的观察机会中只是短暂出现。但是在过去的 100 年里，我们拍摄了大量日全食的照片，足以供应长期的研究。目前，这类研究取得的进展乏善可陈，实在不足以回馈研究团队花费的时间、精力、金钱，为了进行研究，他们常常要长途跋涉。日冕到底能不能向我们提供某些重要信息，没有人知道。

图 24　日冕

ASTRONOMY
FOR
EVERYBODY

第四章

行 星 及 其 卫 星

第一节　行星的轨道及特点

行星围绕系统中心的天体运行的轨道严格上说是椭圆形，或者略扁的圆形，不过扁的程度非常小，不测量单凭肉眼是看不出来的。太阳不在椭圆的中心而在焦点上，在某些情况下，太阳与中心之间的距离肉眼很容易看出来。用这个距离可以算出椭圆的偏心率，而偏心率较之扁平的程度要大得多。例如，水星运行轨道的偏心率就非常大，而扁平程度只有 1/50；也就是说，如果轨道的长直径是 50，那么短直径就是 49。那么按照这个比例，太阳到轨道中心的距离是 10。

为了说明上述问题，我们将太阳系里圈那个行星集团的轨道画成一幅示意图，轨道的形状和各自的位置在图中一目了然，如图 25 所示。显而易见，轨道在有的地方离得很近，有的地方离得很远。

在讲解行星的不同外观和运动、真运动和视运动的过程中会用到很多专业术语，我们都会加以解释。

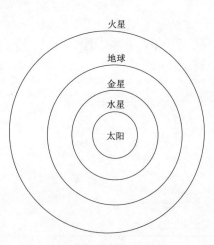

图25　4颗行星的轨道

内行星（inferior planets），指运行轨道在地球轨道以里的行星，这类行星只有水星和金星。

外行星（superior planets），指运行轨道在地球轨道外面的行星。这些行星包括火星、小行星和外圈集团的四大行星。

从地球上看，一颗行星经过太阳，好似与太阳并行，我们称之为合（alongside）日。

下合（inferior conjunction），指行星在地球和太阳之间。

上合（superior conjunction），指太阳在行星和地球之间。

略加思考便可知，外行星永远不会出现下合，而内行星既会出现下合也会出现上合。

行星在太阳的反方向上叫作冲（opposition）。此时，行星在日落时升起，日出时落下。当然，内行星不会出现冲。

轨道的近日点（perihelion）是指轨道上离太阳最近的点，远日点（aphelion）是指轨道上离太阳最远的点。

从地球上看，水星和金星这两颗内行星围绕太阳的运动就是从太阳的一边到另一边。它们与太阳的视距离在任何时候都叫作距角（elongation）。

水星的大距通常为25°，因其轨道偏心率较大，这个数值有时大一些有时小一些。金星的大距近似45°。

当这两颗行星的其中一颗在太阳东边时，我们会在日落后的西方天空上看到这颗星；而在太阳西边时，我们会在早晨的东方天空看到它。因为这两颗行星与太阳的距离从不会超过上述范围，所以在夜晚的东方天空或者早晨的西方天空永远不会看到水星和金星。

没有两颗行星的轨道完全在同一个平面上。也就是说，如果将任意一颗行星的轨道视为水平，那么其他所有行星的轨道都会向一边或另一边有所倾斜。天文学家发现将地球轨道也就是黄道视为水平或者作为标准较为方便一些。因为每一颗行星的轨道都以太阳为中心，所以都会有两个点和地球轨道在同一个水平面上。更确切地说，这些点就是那些行星的轨道与黄道面相交的点，叫作交点（nodes）。

行星轨道与黄道面形成的夹角叫作二者的轨道交角（inclination）。水星轨道的倾斜度最大，超过6°；金星轨道的倾斜度是3°24′。所有外行星轨道的倾斜角度都比较小，从天王星的0°46′到土星的2°30′不等。

行星的距离

除了海王星以外，其他行星的距离基本上遵循波德定律（Bode's Law），该定律是以首先提出这一定律的天文学家的名字命名的。定律内容是：取 0、3、6、12 等数字，每个数字比前一个加倍，然后在每个数字上加 4，于是便得到除海王星以外每个行星与太阳的大致距离，具体如下：

水星	$0 + 4 = 4$	实际距离	4
金星	$3 + 4 = 7$	实际距离	7
地球	$6 + 4 = 10$	实际距离	10
火星	$12 + 4 = 16$	实际距离	15
小行星	$24 + 4 = 28$	实际距离	20~40
木星	$48 + 4 = 52$	实际距离	52
土星	$96 + 4 = 100$	实际距离	95
天王星	$192 + 4 = 196$	实际距离	192
海王星	$384 + 4 = 388$	实际距离	301

关于这些实际距离我们要说的是，天文学家没有采用英里或其他地面上的量度来表示天体之间的距离是基于两个原因。首先，地面上的量度太短了，应用于天体距离就好比用厘米表示两个城市之间的距离；其次，地面采用的量度不能精确地丈量宇宙空间的距离。如果将太阳到地球的距离作为衡量标准，就可以精确地测量其他行星之间的距离。如此，要得到行星到太阳距离的天文学量度，需要用上表中最后一个数值除以 10，或者在每一个数值的最后一个数字前加上小数点。

在上列数据中我们并没有用不必要的小数点分散读者的注意力。实际上，水星的距离是 0.387，其他行星的距离不一一列举；我们只算作 0.4 再乘以 10，从而得到一个近似值用以和波德定律相比较。

开普勒定律

行星在轨道上的运动遵循一定的规律，这个规律由开普勒发现，因而叫作开普勒定律（Kepler's Law）。这个定律的第一条已经讲过，即行星的轨道都是椭圆形的，太阳在椭圆形其中一个焦点上。

定律的第二条是，行星离太阳越近，运行速度越快。从数学上更准确地说，即行星和太阳的连线在相等的时间间隔内扫过相等的面积。

定律的第三条是，行星与太阳的平均距离的立方与行星公转周期的平方成正比。这条定律需要一些说明。假设一颗行星到太阳的距离是另一颗行星到太阳距离的 4 倍，那么其围绕太阳的运行周期将是另一颗行星运行周期的 8 倍。这个数值是这样求得的：4 的立方等于 64，然后再求平方根便是 8。

天文学家用来表示太阳系中距离的量度单位是地球和太阳之间的平均距离，由此得出的内行星的平均距离是小数，而外行星的距离在火星的 1.5 到海王星的 30 之间不等。那么，所有行星的距离取立方值以后再求平方根便得到行星以年为单位的公转周期。

外行星公转周期较长，不仅因为其路线长，也因为其本身运行速度更慢。假设一颗外行星到太阳的距离是原来的 4 倍，那么其运行速度将只有原来的一半，因此其公转周期是原来的 8 倍。地球的公转速度大约为 18.6 英里 / 秒。而海王星的公转速度只有大约 3.5 英里 / 秒，其轨道长度是地球的 30 倍，因此海王星要历经 160 多年才能完成一圈公转。

第二节　水　星

我们将依据行星和太阳之间的距离由近及远依次讲述 8 颗大行星。第一颗便是水星。水星不仅是离太阳最近的行星，而且是 8 颗大行星中最小的一颗；因为实在是太小了，若不是它所处的地位，很难称之为大行星。它的直径比月球直径大 50%，因为体积与直径的立方成正比，所以水星的体积是月球的 3 倍多。

水星轨道的偏心率在大行星中是最大的，但是，后面要讲的小行星中有一些的轨道偏心率超过水星。水星到太阳的距离变化幅度很大。其近日点距太阳不到 2 900 万英里，远日点与太阳的距离超过 4 300 万英里。其围绕太阳的公转周期不到 3 个月，更确切地说是 88 天，因此，水星一年围绕太阳公转四周之多。

水星围绕太阳公转四周有余，地球才公转一周，显而易见水星合日一定会有规律地出现，尽管时间间隔不尽相等。图 26 准确地呈现了水星视运动的基本形态。图中内圈代表水星轨道，外圈代表地球轨道。当地球在 E 点而水星在 M 点时，水星与太阳下合。3 个月后，水星再次回到 M 点，但是不会出现合日，因为在此期间地球也在其轨道上向前运行。当地球到达 F 点时，水星到达 N 点并再次与太阳下合。这种从一次下合到另一次下合的周期运动叫作行星的会合（synodic）运动。水星的会合周期比实际公转周期长出不到 1/3，也就是说，$\overgroup{MN}$ 的弧长略小于圆周的 1/3。

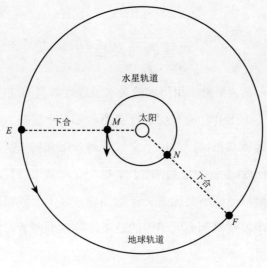

图 26　水星合日

　　现在假设当地球在 E 点时，水星不在 M 点而接近轨道的最高点 A，如图 27 所示。此时，从地球上看，水星与太阳的视距离最大；用专业术语说即在东大距上。水星在太阳东边时，会在日落后一小时 15 分至 1 小时 30 分逐渐落下。此时是观测水星的最佳时机。如果天气晴朗，日落后半小时至一小时即可在暮色中看到它。水星在西大距上接近 C 点时在太阳西边，此时它在日出前升起，出现在黎明的晨曦中。在东大距时（春季），可以将水星当作昏星来看；在西大距时（秋季），可以当作晨星来看。

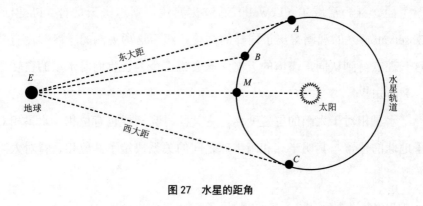

图 27　水星的距角

水星表面及自转

当水星接近东大距时，用望远镜对水星进行研究的最佳时间是傍晚，也可以在它早于太阳升起的黎明进行观测。如果水星在太阳东边，午后随时可以用望远镜观测，不过由于空气受到太阳光的干扰，很难有较好的观测效果。傍晚时分空气逐渐趋于平稳，观测效果较好。而在日落之后，大气层不断增厚，不利因素又开始加剧。基于上述情况，水星在所有行星当中最难以观测到令人满意的效果，导致观测者对其表面的观测结果也千差万别。

德国人施罗特（Schröter）第一个认为其可以观测到水星表面的任何特征。当水星呈现月牙形状时，他认为南面的尖角似乎有时会变钝，而这是高山的阴影造成的；通过观察尖角变钝的间隔时间，他推断出水星的自转周期是 24 小时零 5 分钟。但是，威廉·赫歇尔爵士用倍数更高的望远镜并没有观测到这种现象。

从前几乎所有观测者都一致认同水星的自转时间是无法测定的。然而夏帕雷利（Schiaparelli）在 1889 年用一架精良的望远镜在意大利北部美丽的天空中注意到，水星的外观似乎日复一日地没有变化。于是他得出结论：水星面对太阳的是同一个面，就像月球面对地球的也是同一个面一样。洛威尔（Lowell）通过在弗拉格斯塔夫天文台（Flagstaff Observatory）的观测得出了同样的结论。然而这项观测的难度并没有使这一观点得到认同，谨慎的天文学家会说迄今为止我们对水星的自转还一无所知[1]。

水星相对于太阳的位置变化，令其同月亮一样也有位相。水星相对于地球的位置与其明半球和暗半球之间的关系决定了其位相。背对太阳

---

[1] 1965年的观测表明，水星公转两周的同时自转三周。——编者注

的半球处于黑暗之中，在地球上永远看不到。当水星上合时，其明半球转向地球，看上去圆圆的形似满月。当水星从东距角向下合移动时，暗半球越来越多地转向地球，地球上能看到的明半球则越来越少。这种情况对观测造成了不利影响，不过在此期间水星离地球越来越近，成为从地球上观测明半球的有利条件，从而抵消了不利因素。水星的视形状和视大小在其会合周期的不同时段经历了一系列变化，与下一节要讲的金星非常相似。

水星上是否存在大气层是一个仍存争议的问题，普遍的观点持否定态度。似乎较为确定的是，水星上即便有大气层也极为稀薄，无法反射太阳光。[1]

水星凌日

显而易见，如果内行星和地球在同一个平面上围绕太阳公转，那么每一次下合我们都会看到内行星经过日面。然而任何两颗行星的公转轨道都不在同一个平面上。在所有的大行星中，水星的轨道与地球轨道的倾斜角度最大。如此导致当水星下合时，通常或远或近地经过太阳北边或南边。然而，如果此时水星恰好接近其中一个交点，我们就会看到水星如一个小黑点横穿日面。这个现象叫作水星凌日，这种凌日现象3~13年出现一次。因为可以准确地测定行星进入日面的时间以及再次离开的时间，所以这项观测引起了天文学家的极大关注；而且，凭借这些时间，便可掌握这颗行星确切的运动规律。

1631年11月7日，加桑迪（Gassendi）第一次观测到水星凌日。然而，由于其观测仪器的缺陷，他那次观测在当时没有任何科学价值。1677年，英格兰人哈雷（Halley）在到访圣赫勒拿岛期间也观测到了水

---

[1] 现在的研究表明，水星表面有极稀薄的大气，几乎可以忽略不计。——编者注

星凌日，这次观测比之前的观测好一些，但也并不理想。从那以后，水星凌日得到有规律的观测。下面是一定时期中发生水星凌日的时间，以及地球上能观测的地点：

1937 年 5 月 11 日，水星从太阳南侧边缘擦过。可见于欧洲，美国在日出之前也能看到。

1940 年 11 月 10 日，可见于美国西部及太平洋诸州。

1953 年 11 月 14 日，可见于美国全境。

自 1677 年以来，观测水星凌日成为最困扰天文学界的事情之一。水星轨道的位置在缓慢发生着变化。在所有已知行星的引力作用下，水星的近日点每百年向前移动的距离比其本应向前移动的距离远 43″。这一误差由勒维耶（Leverrier）于 1845 年发现，此人因在海王星被发现之前计算出其位置而闻名。他认为，在水星和太阳之间存在一颗行星或者一群行星，其引力造成了这一误差。他的设想一经宣布便引得人们纷纷寻找这假想中的行星。1860 年，法国乡村医生勒卡尔博博士（Dr. Lescarbault）认为他用一架小型望远镜看到了一颗行星经过日面。但是他的观测很快被证实是错误的。另一位更有经验的天文学家也在同一天观测了太阳，却只看到了一个普通的黑子，除此什么也没有看到。也许正是这个黑子误导了那位医生天文学家。之后许多年间，每天都有人在各地仔细查看太阳并拍照，但没有发现此类东西。

然而在上述区域仍然有可能存在那颗小行星，因为太小而在经过日面时没有被捕捉到。如果事实如此的话，其光芒将被天空的光辉完全遮蔽，以至于平常不会被看到。然而仍然是有机会看到的，即在日全食期间，当太阳光被遮蔽以后。观测者不时在日全食期间寻找着它们。有一次真的发现了类似的东西。1878 年日全食期间，两位才干与经验兼具的教授，安娜堡詹姆斯·C. 的沃森（James C.Watson）和路易斯·斯威夫特（Lewis Swift）认为他们发现了类似的天体。但是严格的观测证实，沃森看到的是一对在那里永远固定不动的星星。斯威夫特教授的观测从未经过查证，因为他无法确定结论是肯定的。

尽管屡次寻找未果，观测者仍然在几次主要的日全食期间继续寻找。笔者曾在 1869 年和 1878 年日全食期间用一架小型望远镜寻找过。如今，皮克林（Pickering）教授和坎贝尔（Campbell）教授在 1900 年和 1901 年的日食发生时使用了强大的照相技术。坎贝尔对 1901 年日食进行观测的结果是目前最具决定意义的。他用照相望远镜拍摄了大约 50 颗星，有一些非常昏暗，相当于 8 等星，不过这些星星都是我们已知的。因此，似乎可以肯定的是在所论及的区域没有比 8 等星更明亮的水内行星，而且几十万颗这样的星星才能造成已知的那种水星的运动现象，数量如此庞大的星星将使那一片天空比我们所见过的都更加明亮。可以肯定的是，水星近日点的运动不可能是水内行星造成的。除了上述发现，都不支持这颗行星的存在，还有一点是，如果这颗行星是存在的，那么它将引起水星或者金星抑或二者交点的位置都发生相似的变化，尽管变化会比较小。

1916 年，爱因斯坦提出了广义相对论。根据相对论原理进行计算，每 100 年间，水星轨道近日点的移动比按照牛顿力学原理计算出的结果多 43 秒，这刚好和观测结果一致，这也成为相对论正确性的一个佐证。

第三节 金 星

金星是天空中所有类似恒星的天体中最明亮的，只有太阳和月亮比之更明亮。在晴朗而没有月亮的夜晚，金星甚至可以照出影子来。如果观测者知道金星出现的确切方位，而且有一副好视力，在太阳不在金星近旁的情况下，当金星接近子午线时便可在白天看见它。当金星在太阳东边时，可以在西方天空看到它，日落前其微弱暗淡，当太阳光完全消失后逐渐变得明亮。当它在太阳西边时，在日出之前升起，此时可以在东方天空看到它。在这两种情况下，金星分别称为昏星和晨星。当它是昏星时，古人把它叫作长庚星；当它是晨星时，古人把它叫作启明星。据说，古时并不知道长庚星和启明星是同一颗星。

用望远镜观测金星，会看到它呈现出像月亮一样的位相，即使用低倍望远镜也可以。伽利略第一次用望远镜观测金星时就发现了这一点，并使他坚信哥白尼（Copernican）学说的正确性。按照当时的惯例，他以字谜的形式发表了这个发现。字谜是一串字母，组合在一起便可说明这个发现。其字谜翻译过来意思是："爱的母亲模仿辛西娅（Cynthia）的样子。"

我们已经讲过的水星的会合运动原则上也适用于金星，因此无须赘述。图 28 是金星在其会合轨道不同位置上的视大小。当金星从上合向下合移动时，虽然我们看不到其全部轮廓，但仍可看出其球体的视大小逐渐变大。然而圆面明亮的部分逐渐变小，首先变成半月形，然后变成新月形，接着越来越细直至下合。在下合点上，暗半球转向我们，完全看不到了。金星在下合与大距的中点上时最为明亮。此时，金星若在太阳东边，将在日落后两小时落下，若在太阳西边，则在日出前两小时升起。

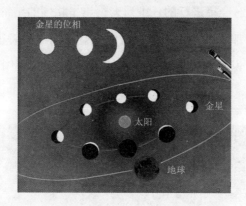

图28 金星在轨道中各点的位相

金星的自转

自伽利略时代以来，金星的自转就引起了天文学家和大众的兴趣。但是由于金星闪耀着特有的炫目光芒，给人们研究这个问题造成了极大的困难。透过望远镜，在金星上看不到任何清晰可辨的印记，其表面只有炫目的强光，略带区间层次变化，看起来好似一个抛光的又略带锈色的金属球。尽管如此，观测者认为他们能够看出明暗的斑点。早在1667年，卡西尼（Cassini）根据这些表面上的斑点推断，金星的自转周期不到24小时。在此后的一个世纪，意大利人布朗基尼（Blanchini）就这个问题发表了一篇内容丰富的论文，在文中绘制了许多金星的图示加以说明。他的结论是，金星的自转周期超过24天。

1890，夏帕雷利提出了一个出人意料的新理论，并且得到了洛威尔的支持，即金星的自转周期与围绕太阳的公转周期相同，换句话说就是水星和金星面对地球的都是同一个半球，就像月球之于地球一样。夏帕雷利注意到金星南半球上有一些非常暗淡的斑点连续几天都出现在同一个位置，由此得出了这个结论。他可以每天连续观测金星几个小时，斑点的稳定存在否定了金星在一天之内自转一周多一点的观点。洛威尔在亚利桑那天文台对金星进行的仔细研究得出了相同的结论。

这些观察者都很细心，他们通过观察金星表面的特征而得出的结论差异如此巨大，说明金星上的特征不够明显。和地球相比，金星自转慢得多，225天这种长度的假设是有道理的[1]。

图 29　金星

金星大气层

现在非常肯定的是，金星外面包裹着大气层，其密度可能大于地球大气层。1882年，笔者在好望角观测到的金星凌日神奇地揭示了这一点，非常有趣。当金星的视圆面有一半多一点在视日面上时，其在视日面外面的边缘明亮了。然而，这个光亮不是在弧的中点开始出现的，如通常

---

[1] 现在已知金星自转周期约为243天，比金星绕太阳公转一周耗时还长一些。——编者注

由折射引起的那样，是在接近弧的一端的一个点上开始出现的。普林斯顿的罗素（Russell）解释了这个现象，他指出大气层中充满了水蒸气导致我们不能通过大气层直接折射而看到太阳光。我们所看到的是一层漂浮在大气层中被照亮的水蒸气或云。如果事实如此，那么地球上的天文学家根本无法透过这些云看到这颗行星的固体本体。据此，那些所谓的斑点只能是暂时的，并且会不断发生变化。

为了说明这个连优秀的观测者都会被误导的假象，我们要提及另一个情况，有几位观测者认为，金星接近下合时从地球上可以看见整个半球。此时金星的样貌即所谓的"旧月抱新月"，当月亮是纤细的新月时，看过这颗卫星的人都熟悉这个情形。当这种情形发生于月球时，众所周知我们之所以能看见月球的暗半球，是因为其反射来自地球的光线。但是这种情形之于金星时，金星没有能反射的来自地球或者其他天体的足够的光线。有的解释说整个金星表面可能覆盖了一层磷光，但这更可能是视觉错觉。这种现象通常见于白天，天空明亮，任何像磷光这样的微光都完全看不见。不管这种光亮产生的原因是什么，都更应该见于黄昏之后的夜晚，而不是白天。但事实上在夜晚却看不到，这似乎说明了其有悖于客观事实。这个现象说明了一个著名的心理学定律，即想象中容易夹杂习惯看到但实际上不存在的事物。我们对月亮上的现象习以为常，于是当在金星上看到大体相似的现象时，便幻想了一个熟悉的情形强加于它。

一种新技术的出现，使得透过金星的大气层为金星的表面进行摄影成为可能。这种技术是在对红光或红外光敏感的底片前加一片红光滤镜，然后曝光。在飞机上进行摄影，如果过高不足以看清地面，就可以用这种方法拍摄到清楚的照片。史蒂文斯（Stevens）用这种方法从几百英里远的地方给安第斯山拍摄了照片。拍摄的时候，镜头的朝向全靠推测，因为山峰被云雾遮住了。

1927 年，大约是金星有利的大距期间，罗斯在威尔逊天文台用这种方法为金星拍下了照片。从照片上看，金星的圆面是白色的。换了紫外光进行拍摄，照片上呈现出明显的花纹。这是人们第一次从这颗行星上看到花纹。这些纹路是金星大气里的云，它们反射了日光中大部分的紫外光。

金星的照片上，两极地区有很亮的斑点，看起来有点像火星的极冠，但是持续时间不久；有黑带从金星上通过，让人联想到木星的云带，但它的形状也不持久。

金星凌日

金星凌日属于罕见的天文学现象，因为平均 60 年才发生一次。在过去及未来的数百年间形成了一个有规律的循环周期：在 243 年间发生了四次金星凌日。其发生的间隔时间分别为 105 年半、8 年、121 年半、8 年，然后又是 105 年半……如此依次循环。以下是几次发生金星凌日的日期：

1631 年 12 月 7 日	1874 年 12 月 9 日
1639 年 12 月 4 日	1882 年 12 月 6 日
1761 年 6 月 5 日	2004 年 6 月 8 日
1769 年 6 月 3 日	2012 年 6 月 6 日

可见我们这个时代的人不可能看到这个现象了，因为下一次金星凌日要到 2004 年才发生 [1]。

在过去的 100 年间，人们热衷于研究金星凌日的原因是，据推测其为测定太阳和地球之间的距离提供了最好的方法。这一说法以及这个现象的罕见性导致人们对过去四次金星凌日进行了大规模观测。1761 年和 1769 年，主要海洋国家派遣观测者到世界各地记录这颗行星进入和离开

---

[1] 2004年的金星凌日出现在6月8日，之后的一次金星凌日出现在2012年6月6日，预测的下一次将发生在2117年12月11日。

日面的准确时间。1874 年和 1882 年，美国、英国、法国和德国都组织了大规模的远征队。在 1761 年观测时，美国在北半球选择的观测点位于中国、日本和西伯利亚东部，在南半球的观测点位于澳大利亚、新西兰等地区。1882 年，美国无须再派出那么多考察队，因为金星凌日在本土就可以看到。在南半球，观测点设在好望角以及另外几个地点。这些考察队的观测对于测定金星未来的运动极具价值，不过人们发现其他测定太阳和地球之间距离的方法更为准确。

第四节 火 星

近些年，火星较之其他行星引起了更多人的兴趣。火星与地球的相似性，对于火星上运河、海洋、气候、降雪等的猜测，都使我们对其存在生命的可能性产生了兴趣。或许会让那些希望相邻的这个星球上有高级生命存在的证据的读者感到失望，不过我仍将努力说明对火星掌握的实际情况。

首先从这个星球的详细资料讲起，这将有助于我们认识这个星球。火星的公转周期是 687 天，差 43 天 2 年。如果其公转周期恰好是 2 年，那么火星公转一圈地球将公转两圈，这颗行星的冲也将规律地每两年出现一次。可是火星运行得比这个时间快一点，地球用一至两个月的时间才能赶上它，因此冲发生的间隔时间是 2 年零 1 个月至 2 年零 2 个月。多出的这 1~2 个月在八次冲之后补足为一年；于是，大约每隔 17 年火星的冲将再次于同一时间和轨道上的同一个位置附近发生。在此期间，地球公转十七圈，火星公转九圈。

冲发生的时间间隔有一个月左右的误差，原因在于火星轨道的偏心率比较大，火星轨道的偏心率在大行星中仅次于水星，其数值为 0.093，接近 1/10。据此，当火星在近日点时，其到太阳的距离比二者的平均距离近几乎 1/10；当其在远日点时，二者之间的距离比平均距离远将近 1/10。火星在冲位时与地球之间的距离也围绕这个数值发生变化，换算成英里来看距离的变化幅度是很大的。若冲发生时火星在近日点附近，火星到地球的距离大约是 3 500 万英里；若火星在远日点附近，则火星到地球的距离大约是 6 000 万英里。这种情况导致 9 月份火星在近日点发生冲时其亮度是 2、3 月份在远日点发生冲时的 3 倍。

当火星接近近日点时，因其璀璨夺目、泛着淡红色的光彩而与众不同，很容易辨认。奇怪的是，在望远镜里看到的火星没有用肉眼看起来那么红。

火星表面及自转

伟大的惠更斯在 1650~1700 年享有盛誉，他第一个用望远镜看到火星表面呈现出复杂多样的特征，并且将火星的表面绘制成图。他所描绘出的特征至今仍能够明确辨认出来。观察这些特征可以很容易看出火星的自转周期（24 小时 37 分）比地球上的一日略长。

这个自转周期是所有行星中除地球以外算得最准确的。200 年来火星一直以这个精确的速率自转，没有理由怀疑这个周期将会明显地发生变化。火星的自转周期与地球上一天的时间如此接近，仅仅超出 37 分钟，从而导致火星在夜晚同一小时内呈现给地球的几乎是同一个面。然而，由于火星的自转周期比地球的自转周期略长，因而每晚火星都会较前一晚落后一点点，于是 40 天以后，我们就会看遍火星展现给地球的每一个部分。

目前已知的火星的情况都可以体现在火星的地图上，包括其表面的明暗区域，以及平时常见的覆盖在其两极的白色冠状物。当火星极点向地球倾斜时也向太阳倾斜，这个冠状物就会逐渐变小，当极点远离太阳时，它又会再次增大。后一种情形在地球上看不到，只是发现它再次出现在视野里时比原先变大了，以此做出推断。这些冠状物自然被猜测是雪或冰，在火星的冬季凝结在极点周围，在火星的夏季部分或全部融化。

火星的"运河"

1887 年，夏帕雷利开始对火星进行观测，这次观测非常有名，因为他宣布发现了火星上有运河。这些所谓的运河是火星上的条纹，比火星表面稍微暗点儿。因为不当翻译引起的误解几乎没有比这一次更严重的了。夏帕雷利把这些条纹叫作 canale，这个意大利语单词意为水道。他之所以这样命名是因为当时推测火星表面的暗区是海洋，于是推断连接海洋的条纹也是水，所以叫作水道。然而翻译成英文 cancel（运河），却被广泛理解为这些条纹是火星上的生物所为，就像地球上的运河是人为的一样。

至今，这些水道在观测者和权威天文学家之间仍然存有争议，原因是这些条纹在原本均匀的表面上并不清晰。火星上到处都是各种各样的阴影——呈或明或暗的片状，非常微弱而且模糊不清——以至于通常难以说明准确的形状和轮廓，而且互相穿插看不出层次，极度难以辨认。此外在不同的光照和地球大气层不同的状态下呈现不同的外观，都导致对这些水道的描绘差异很大。亚利桑那州弗拉格斯塔夫的洛威尔天文台的观测者绘制的图就是一个极端的例子。在这些图中，水道被画成了很细的暗线，数量众多形成网络覆盖了火星表面的大部分。在夏帕雷利绘制的图中，这些水道呈宽阔的带状，很模糊，完全不像洛威尔天文台的图那样清晰。洛威尔天文台图中的水道比夏帕雷利看到的水道多很多，由此我们或许可以推测夏帕雷利所标注的水道在洛威尔天文台的图中都能找到。然而事实远非如此，两幅图仅仅是大体相似。洛威尔天文台的图中最奇特之处是水道相互交叉的点是用深色的圆点标注的，就像圆形的湖；夏帕雷利的图中没有这样的点。

火星上最清晰可辨的特征之一是一个巨大的、深色的、近似圆形的斑点，周围是白色的，叫作太阳湖（Solis Lacus）。所有的观测者对此意见一致。他们也基本上认同暗淡模糊的条纹或者水道是从这个湖延伸出来的。然而继续探究则发现观测者对于水道的数量意见不一，对于周围的地貌特征也没有完全一致的意见。

火星上的另一个明显特征是一块黑斑，呈三角形，叫作大席尔蒂斯（Syrtis major），惠更斯是第一个绘制它的人。

火星上存在"运河"已经是不争的事实。很多天文学家都观测过它们，还拍下了精彩的照片。概括来说，"运河"比早期的观测者看到的要宽一些，粗糙一些，显得更不规则。研究者认为它们是自然产生的，而非人工开凿的。曾经的火星上暴发过洪水，这些遗留的"运河"显示洪水侵蚀了很多地方。过去，火星地表一定是有水的，可能还存在巨大的湖泊或海洋。但是，它们存在的时间不长，据推测，应该存在于40亿年前。

火星表面因此被塑造出各种奇妙的地貌。除了地球，火星是最适合用望远镜观察的行星。火星整体呈现红色，会令人想起大片荒漠。在红色之上，我们可以看到蓝色、绿色的大色块，以前的人把它们叫作"海"，

图30　火星上的水道

这种命名就保留至今，这种情况和月球上的"海"类似，现在大家都认为"海"里并没有水。一些窄窄的暗纹连接在海之间，就是所谓的"运河"，这个名称也被保留下来。

我们到目前为止所讲述的特征都不在火星的两极范围内。就算白色的冠状物融化殆尽，这两个区域的观测角度也太倾斜，因而很难在里面发现任何清晰的特征。覆盖在这两个地方的冠状物是否真的是雪，火星是否真的会在冬季下雪，并且积雪在太阳再次照耀两极区域时融化，这些都是很有意思的问题。要想说明这些问题，我们必须了解一些火星大气层的研究成果。

火星的四季

所有新近观测者都一致认同，即使火星有大气层，也比地球大气层稀薄，并且水蒸气含量极低甚至没有。望远镜和光谱仪的观测结果都得出了这个结论。经过反复地仔细观测发现，如果能够发现火星上的特征，那么这些特征几乎不会因为火星大气层中所谓的水蒸气而变得模糊。降雪是由于水汽在大气中发生凝结，火星的极地有那么多雪非常引人注意。

另一个需要考虑的因素是，太阳光线融化积雪的力量必然受到其所含的热量的限制。在火星的两极区域，光线照射的倾斜角度很大，即使光线传导的所有热量都被吸收了，也只有几英尺的积雪能够在夏天里融化。然而还有很大比例的热量必定被白雪反射向寒冷的宇宙空间，这种辐射很强烈，会使积雪依然保持很低的温度。由此可见，两极区域附近能够落下和融化的积雪必定很少，或许只有几英寸厚。

即使降雪稀少也足以形成白色的表面，因此并不能证明冠状物不是积雪。不过这种外观似乎更可能是水蒸气凝结在极其寒冷的地表造成的，类似于霜，也就是露水结成的冰。对我来说，这似乎是对两极地区冠状物最合理的解释。也有观点认为冠状物也许是碳酸凝结形成的。对此我们只能说，这个理论不是不可能，但是似乎缺乏可能性。

读者会谅解我在这一节没有讲任何有关火星上存在生命的可能性。其实关于这个问题读者和我知道的一样多，那就是火星上根本不存在生命。

火星的卫星

1877 年，阿萨夫·霍尔（Asaph Hall）教授在海军天文台发现了火星的两颗卫星，这个发现震惊了全世界。这两颗卫星太小了，所以之前一直没被发现。没有想到卫星可能会像这两颗这么小，所以从未有人花费精力利用大型望远镜仔细寻找。一经找到，却发现这两颗卫星并不难找。当然，即便这两颗卫星很容易找到，能否看到它们依然取决于火星在其轨道上的位置和相对于地球的位置。只有火星接近冲时才能看见这两颗卫星。每次冲时可以观测到这两颗行星的时间长度不等，根据当时的情况可能是 3 个月、4 个月，甚至是 6 个月。在接近近日点的冲，可以用口径小于 12 英寸的望远镜看到它们；究竟可以用多小的望远镜取决于观测者的技术，以及防止火星光线刺眼所做的防护。一般望远镜的口径是 12~18 英寸。观测难度完全是火星的光芒造成的，如果这个问题能够得到解决，无疑可以用很小的望远镜看到它们，由于受到火星光芒的影响，外面那颗卫星比里面那颗更易于观测，尽管里面那颗或许是二者之中更亮的。

霍尔教授给外面那颗卫星命名为戴莫斯 [1]，给里面一颗命名为弗伯斯 [2]，在希腊神话中它们是战神马尔斯的侍从。弗伯斯的显著特点是，其围绕火星旋转一圈的时间是 7 小时 39 分钟，是太阳系中已知公转周期最短的。这个时间比火星自转周期的 1/3 短一点。鉴于此，从火星上来看，

---

[1] Deimos，中文名为火卫二。——译者注

[2] Phobos，中文名为火卫一。——译者注

离火星最近的月亮西升东落。

戴莫斯的公转周期是 30 小时 18 分。这个快速运动的结果是，其出没之间大约会过去 2 天。

弗伯斯到火星表面的距离只有 3 700 英里。如果火星居民有望远镜的话，它一定是一个很有趣的观测对象。

就大小而言，或许除了爱神星（Eros）和部分微弱的小行星，这两颗卫星是太阳系中我们能够看到的最小的天体。根据光度来计算，戴莫斯的直径大概是 5 英里，弗伯斯的直径大概是 10 英里。据此，我们所看到的它们的大小和从纽约用望远镜看波士顿上空的一个小苹果的大小差不多。

卫星对于天文学家了解火星准确的质量具有极大的帮助，具体我们将在随后关于行星重量的计算方法一节中讲解。

第五节　小行星

行星之间的距离一经算出，太阳系中火星和木星轨道之间的间隔便自然地吸引了天文学家的注意。当波德宣布他的定律时，这个间隔备受瞩目。规律排列的八个数字，除其中一个外，其他每一个都对应一颗行星的距离。那个数字的位置是空的。那里真的什么也没有吗，或者只是因为那里的行星太小而没有被注意到？

意大利天文学家皮亚齐（Piazzi）解决了这个问题，他在西西里岛的巴勒莫有一个小型天文台。他酷爱天文观测，用望远镜确定星星的位置，并为所有他确定位置的星星编制目录。1801年1月1日，他开创了天文观测的新纪元，在此前未有任何发现的地方发现了一颗星，并且迅速证实这颗星正是长期以来在寻找的行星。这颗星被命名为谷神星（Ceres），意为麦田女神。

令人吃惊的是，这颗行星非常小；知道了它的轨道以后，发现其偏心率很大。很快又有了新的发现。这颗新的行星被发现以后，在它完成一个公转周期之前，奥尔贝斯（Olbers）博士在相同的区域发现了另外一颗运行中的行星，奥贝尔斯博士是不来梅的物理学家，闲暇时进行天文学观测和研究。相继发现的是两颗很小的行星而不是一颗巨大的行星。奥贝尔斯博士提出这两颗小行星可能是一颗行星破碎之后的碎片，倘若果真如此，可能还会发现更多。这个推测的后半部分得到了证实。在随后的3年里，又发现了两颗这样的小行星，总共是4颗了。

就这样过去了40年。到了1845年，一位名叫亨克（Hencke）的德国观测者发现了第五颗小行星，第二年发现了第六颗，然后便开始了一系列神奇的发现，每一年都有新的收获，目前已知的数量超过了 2 万颗。

寻找小行星

直至 1890 年，只有少数观测者一直在寻找小行星，他们专注于此，犹如猎人打猎一样。可以这么说，他们会设置陷阱，画出黄道附近某一小片星空的分布图；还熟悉星星的分布，然后守望目标。一旦目标出现便又找到一颗小行星，于是猎人将其收入囊中。

相继出现许多小行星猎手，其中一些人对其他天文学工作一无所知。19 世纪 50 年代，他们之中最成功的一位是高施密特，如果我没记错的话他是巴黎的珠宝商。詹姆斯·弗格森（James Ferguson）教授在华盛顿天文台发现了 3 颗。维也纳的帕利扎（Palisa）创造了纪录。在这 100 年里，克林顿的 C.H.F. 彼得斯（C.H.F.Peters）教授和安娜堡的詹姆斯·C. 沃森非常成功。最后三位一共找到了 200 多颗。

1890 年，照相技术成为寻找小行星的一个更加简单有效的手段。天文学家将望远镜对准天空，用长曝光给星星拍照，曝光时间可能长达半个小时左右。恒星拍摄在底片上是一个小圆点。若一颗行星恰在恒星之中，那么它将是移动的，于是它的照片是一条短线，而不是一个点。天文学家不必再巡视天空，只浏览照片即可，工作起来更加容易，行星有拖尾的话一下就能辨认出来。来自海德堡的沃尔夫（Wolf）通过摄影发现了超过 500 颗小行星。

相较来说后续发现的小行星更暗淡，看起来越暗的小行星数量越庞大。人们推测能够用望远镜观测到的小行星应该有 10 000 颗。通过普通望远镜观测，个头比较大的小行星也只剩一个点，就算用最好的望远镜去看，也很难看清楚它们的表面。谷神星是最大的小行星，直径达到 480 英里。此外，有 12 颗小行星直径大于 100 英里。最小的小行星难以精确测量，只能通过它们的明暗程度估计，它们的直径一般在 20~30 英里之间。

小行星的轨道

小行星的轨道偏心率基本上都非常大。例如希达尔戈星（Hidalgo），轨道偏心率大约是 0.65，这意味着在近日点它到太阳的距离比它到太阳的平均距离近 2/3，而在远日点则远 2/3。它距离太阳最远时，和土星到太阳的距离差不多。

另一个值得关注的是，大多数小行星轨道的倾斜角度非常大。有的超过 20°，希达尔戈星的轨道倾角是 43°。

奥尔贝斯认为这些小行星可能是一颗行星爆炸后的碎片，这个观点现在已经过时了。小行星的轨道分布范围太宽，如果这些小行星曾经组成一个星球，应该不会这样分布。现在认为这些小行星从最初就是现在这样的。根据星云假说，所有的行星都是曾经围绕太阳运转的环状星云的一部分，环中的物质逐渐聚集到环中密度最大的质点周围，从而凝聚成为一个天体。据推测，小行星带没有以此种方式聚集到一起，而是分散成为不计其数的碎片。

钱柏林（Chamberlin）和莫尔顿（Moulton）提出过星子假说，认为数量众多的小行星是少量比大行星小的星体撞击形成的，它们中的一些没有形成接近圆形的倾斜轨道，进而发生了多次碰撞。

轨道分组

这些小行星的轨道有一个奇特之处，或许可以解释小行星的起源。我已经讲过行星的轨道近似圆形，但是并不以太阳为中心。想象从无限高的高度向下看太阳系，设想小行星的轨道看起来如图 31 中精细绘制的圆圈。这些圆圈看起来相互交错就像一个错综复杂的网络，形成一个宽阔的圆环，这个圆环的外圈直径接近或恰好是内圈直径的 2 倍。

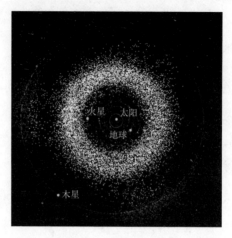

图 31　小行星群

　　设想这些圆圈犹如金属丝一样可以拿起来以太阳为中心，而不改变大小。其中较大圆圈的直径是较小圆圈直径的 2 倍，因此这些圆圈占据了宽阔的空间，如图 32 所示。此时，一个奇特的情形是，这些轨道在整个空间的分布不是均匀的，而是有明显的分组。这些分组参见图 31 以及图 32，第二幅图更加清晰完整，图中的轨道分布说明如下：每一颗行星的公转周期都是一定的，行星距离太阳越远公转周期越长。因为轨道的圆周是 1 296 000″（360°），因此如果用公转周期除以这个数值，所得的商是这颗行星一天中在轨道上运行角度的平均值。这个角度叫作行星的平均运动。小行星的平均运动从 300 秒至 1 000 多秒不等，数值越大公转周期越短，离太阳越近。

　　现在画一条水平线，标出平均运动的数值，从 300 秒至 1 200 秒，中间用 100 秒等分。在两个刻度之间，有多少颗行星的平均运动值在这个区间就标出多少个点。例如，在 550 秒和 560 秒之间有 3 个点，这意味着，有 3 颗行星的平均运动值在 550 秒和 560 秒之间。

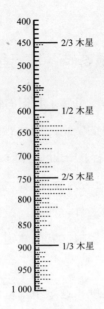

图 32　小行星轨道的分布

　　仔细查看这幅图可以区分出 5~6 个群。最外侧的一个群在 400~460 秒之间，距离木星最近，公转时间不超过 8 年。此后至 560 秒有一道很宽的间隔，在 540~580 秒之间有 10 颗星。从这个点往后行星更多了，但是在 700 秒、750 秒和 900 秒我们发现的点很稀少，甚至没有。最明显的特点是，在这些空白处，行星的运动只与木星的运动相关。如果一个行星的平均运动是 900 秒，那么它围绕太阳运行一周的时间是木星公转周期的 1/3；如果一颗行星的平均运动是 600 秒，那么它围绕太阳运行一周的时间是木星公转周期的 1/2；如果一颗行星的平均运动是 750 秒，那么它围绕太阳运行一周的时间是木星公转周期的 2/5。这是天体力学定律，即行星的轨道与另一颗行星发生上述简单关系会因为二者之间的相互作用而在运行时间上发生巨大的变化。由此，第一个指出这一系列间隔的柯克伍德（Kirkwood）认为，间隔产生的原因是处于其中的行星不能永远保持其轨道。然而奇怪的是，在行星平均运动接近木星平均运动的 2/3 的地方，却有大量小行星。由此可见其观点是值得怀疑的。

最奇特的小行星

有一颗小行星非常特殊，引起了我们的特别关注。1898 年已知的几百颗小行星都在火星和木星的轨道之间运行。但是在那一年夏天，柏林的维特（Witt）发现一颗小行星在近日点时进入火星轨道里面，离地球轨道 1400 万英里。他将其命名为爱神星。爱神星的轨道偏心率非常大，以至在远日点处于火星轨道之外。而且，爱神星和火星的轨道像锁链一样互相交织，如果用金属丝模拟二者的轨道，那么两根金属丝是套在一起的。

由于爱神星轨道的倾斜度，这颗小行星似乎游离于黄道带的界线之外。当它距离地球最近时，例如 1900 年，有一段时间它运行至很远的北边，以至从我们地球的中纬度地区看一直在天空不落，而且经过了天顶北边的子午线。其运动的这一特殊性无疑是其未被很快发现的原因之一。1900~1901 年冬天，爱神星离地球最近，近距离观察发现其亮度每个小时都有变化，且这种变化是有规律的，每次变化大约持续 2 个半小时。在此期间，其亮度衰减程度是极其一致的。一些观测者坚持认为，每次亮度的变化都是以最低限度衰减，因此真正的变化周期是 5 小时。有观点认为，这种情况表明这颗行星实际由两颗星组成，二者相互绕行，或许实际上融为一体。不过亮度的变化更有可能是因为这颗小行星的表面有亮区和暗区，朝向地球的半球上亮区和暗区的面积对比引起了亮度的变化。令人费解的是，经过几个月的观测，这颗小行星的亮度变化已经得到证实，然而这种变化逐渐消失了。这颗小行星的构造似乎存在奥秘。

有人设想其他的小行星也存在因为自转而产生亮度变化的情况，但是这一观点还没得到证实。

爱神星在科学的层面也是最有趣的，因为一次次距离地球那么近，可以很精确地测量出其到地球的距离，由此可以测定出其到太阳的距离以及整个太阳系的规模，而且比其他任何方法都更加准确。遗憾的是，距离地球最近的情况发生的时间间隔太长了。

1900 年，爱神星距离地球不超过 3 000 万英里，1931 年 1 月 30 日，距离地球约 1 600 万英里，比此前任何一次都要更近。其实它还有再近 200 万英里的余地。

第六节　木星及其卫星

木星是一颗"巨行星"，是太阳系中个头仅次于太阳的最大的行星。事实上，木星的大小是所有其他行星总和的 3 倍之多，其质量大约是所有其他行星总和的 3 倍。但是它仍然比不过太阳系的中心天体，木星的质量还不到太阳质量的 1/1 000。

图 33　木星

1903 年 9 月、1904 年 10 月、1905 年 11 月都发生了木星冲日，而且此后持续数年，大约每一年都比前一年错后一个月。因其亮度和颜色，接近冲日时木星在夜晚的天空很容易辨认。此时，它是天空中仅次于金星的最亮的类似恒星的天体。因为它的颜色比金星白，所以很容易区别于金星。即使用最小的天文望远镜，甚至是一个不错的普通望远镜，都很容易看出它是一个相当大的星球，像恒星一样，而非一个亮点。我们还会看到两条昏暗的带状条纹穿过圆面。200 年前惠更斯就注意到并画出了这两条带状条纹。使用倍数更高的望远镜发现，这两条看起来像带子一样的条纹像云彩一样变化多端，而且不仅每个月发生变化，甚至每天晚上都发生变化。时时刻刻仔细观察它们发现，木星的自转周期大约是 9 小时 55 分。因此，天文学家一个晚上就可以连续看到木星表面的每一个部分。

用望远镜观测木星，其呈现出的两个特征会立刻引起细心的观测者注意。其中之一是，圆面的亮度似乎不均匀，接近边缘的地方逐渐暗淡，边缘处既不明亮也不清晰，而是有点模糊。这与月球和火星呈现出的外观形成了鲜明的对比。圆面边缘变暗有时是包裹行星的大气层的浓密引起的。

另一个特征是，木星的圆面是椭圆形的。木星不是一个标准的球体，和地球一样，其两极处扁平，且扁平的程度更大。即使最细心的观测者从另一个行星上观测地球也看不出地球不是球形，但是如此观测木星，其与球形的差别则非常明显。这是由于其高速自转引起赤道区域向外突出，地球也是如此，只是程度较轻。

木星的表面

从望远镜中观察，木星的样子与我们在地球大气层中所见的云彩一样变化多端。那里有细长的云层，产生原因与地球上云层产生的原因相同，即气流。经常可以在这些云中看到白色的圆点。云有时呈淡粉色，尤其在赤道附近。在赤道南北两边的中纬度地区，云的颜色最暗也最明显，正是由于这个原因，所以用小型望远镜会看到深色的带状条纹。

木星的外观在各个方面都与火星或金星有很大差别。与火星相比，最明显的差异是木星没有恒久不变的特征。经过一代又一代的观测，人们可以绘制出火星的地图，并验证其准确性，然而由于木星没有恒久不变的特征，不可能为木星绘制出地图之类的东西。

尽管缺乏稳定性，但也有些特征持续若干年，其中或许有稳定不变的。其中最引人注意的是大红斑，其于 1878 年出现在木星南半球中纬度地区。大红斑持续几年一直非常清晰，很容易从颜色上辨认，如图 34 所示。10 年之后大红斑开始暗淡，但变化不一。有时似乎完全消失了，然后再次明亮。这些变化一直持续，直至 1892 年基本上微弱得不再能看见。如果大红斑最终消失了，那它也是在不知不觉中消失的，甚至不知道最后一次出现的确切日期，一些眼力好的观测者仍然不时报告能够看到它。

图 34 木星大红斑

木星的构成

这颗奇特的行星的构成仍然悬而未决。没有一种假说可以解释所有的问题，假说提出了许多观点，然而除了受到否定极少得到证实。

或许这颗行星最明显的特征是密度较小。木星直径大约是地球直径的 11 倍，从而体积必定超过地球体积 1 300 倍之多；但其质量只有地球质量的 300 倍多一点。由此可见其密度比地球小很多；事实上，木星的密度只比水的密度大 1/3。简单的计算表明其表面引力是地球表面引力的 2~3 倍。我们认为在这个巨大的引力之下，其内部受到极度压缩，其密度会很大。如果它是由构成地球表面的固体或者液体构成的，那么情况一定是这样的。单单基于已知事实推断，其外部至少由气态物质构成。但是如何用这种构成解释红斑持续了 25 年之久呢？这的确是一个难题。

尽管如此，我们只能被动接受这个假说而不做出大的修改。除了这颗行星持续变化的外观可以作为其外面包围着一层大气的证据，我们还有一个来自自转规律的证据。我们发现木星和太阳有一个相似之处，其赤道位置的自转周期比中纬度以北地区的自转周期短，尽管前者的自转路线比后者更长。这可能是气态天体普遍的自转规律。据此，木星似乎在物理构成上与太阳有几分相似，这个观点与在望远镜中看到的木星外观非常吻合。目前所掌握的赤道和中纬度地区的自转周期大约相差 5 分钟。也就是说，赤道地区的自转周期是 9 小时 50 分钟，中纬度地区的自转周期就是 9 小时 55 分钟。这相当于二者之间的运动速度大约相差每小时 200 英里，表面构成若为液体似乎不可能出现这种差别。

认为这颗行星自身发光的观点似乎受到了否定，因为卫星进入其阴影后便完全消失了。由此我们可以非常确定地说，木星发出的光不足以使我们看到卫星。我们很难认为卫星从行星获得的 1% 的光线和从太阳获得的 1% 的光线一样多。我们还发现，木星散发的光线比从太阳获得的光线还要少一点。也就是说，假设木星不比地球表面上的白色物体更亮，那么其发出的所有光线就数量而言可能都是反射的光线。不过仍然留有一个疑问：既然白点有时比木星的其他地方都要亮，那么其发出的光是否比照射在其上的光多？这也是科学研究仍然没有涉足的一个问题。

有一个假说似乎可以很好地解释所有问题：木星有一个固体内核，密度可能和地球或者其他任何固体行星的密度一样大，而其整体平均密度较小缘于包围这个固体内核的大气。

木星的卫星

当伽利略第一次把他的小望远镜对准木星时，他欣喜而惊讶地发现木星有4颗很小的星星相伴。经过无数个夜晚的仔细观察，他发现这4颗小星星围绕中心天体公转，就像行星围绕太阳公转一样，不过这个发现在当时还没有被完全接受。这个与太阳系惊人相似的发现是对哥白尼学说的有利佐证。

这几个小星星用普通的小望远镜甚至不错的观剧望远镜就能看到。甚至有人认为，视力好的话有时不用借助光学设备也能看到。可以肯定这4颗星如同最小的恒星一样明亮，用肉眼就能看到，可是木星的光芒似乎成为观测难以克服的障碍，即使对敏锐的视力也是如此。这4颗卫星的名字分别是爱羲（Io）、欧罗巴（Europa）、盖尼米得（Ganymede）、卡利斯托（Callisto），但是人们习惯用它们离木星远近的顺序来称呼它们。木卫二比月球小一点，木卫一则比月球大一点。木卫三和木卫四的直径大约是3 200英里，比月球大50%。这是全太阳系最大的卫星，比水星的个头还大。但是它们离太阳很远，大概是日月距离的5倍，所以它们几个加起来的亮度还不如月光的1/3强。就像月球一直拿一面对着地球似的，这几颗卫星也一直拿同一面对着木星，也就是说，它们的自转周期和公转周期是一样的。

至1892年，已知的木星的卫星只有4颗；随后巴纳德用巨大的里克望远镜发现了第五颗，比另外4颗距离木星更近。这颗卫星的公转周期不到12小时，周期之短在已知的情况中仅次于离火星最近的那颗卫星。不过它的自转周期比木星的稍微长一点。它外侧的那颗卫星，也就是之前发现的4颗卫星中最里面的那一颗仍然叫作木卫一，公转周期大约是1天零18.5小时，最外面那颗几乎要17天才能完成一周公转。

1904年、1907年，佩林（Perrine）在里克天文台观测到木星的第

六、第七颗卫星。它们距离木星差不多远，平均是 700 万英里，公转周期 8~9 个月。很快，另外两颗更远一点的卫星被发现，至此一共发现了 9 颗卫星。木卫八发现于 1908 年，是梅洛特（Melotte）在格林尼治天文台观测到的。木卫九发现于 1914 年，由尼科尔森（Nicholson）在里克天文台观测到。它们距离木星大概 1.5 千万 ~2 千万英里，公转一周需要 2 年多。它们有两个独特的地方：在太阳系的所有卫星中，它们是离自己的主星最远的；此外，它们自东向西旋转。

和位置靠内的卫星相比，4 颗靠外的卫星轨道的偏心率更大，它们个头都比较小，直径大约 100 英里甚至更小，所以只有使用大望远镜才能观测到它们。有人猜测，外侧卫星和内侧卫星形成原因不同。有一种假说认为，外侧的卫星是被木星的引力捕捉到的小行星。

这些卫星在围绕木星公转的过程中出现了许多有趣的现象，用大小适中的望远镜就可以观测到。这里所说的是卫星的"食"和"凌"。木星像其他不透明的物体一样会投下影子，卫星围绕木星公转过程中，在经过木星背面那一段时几乎永远要在木星的阴影里。木卫四和大多数距离远的卫星有时例外，可能从阴影的上边或者下边经过，如同月亮从地球阴影的上方或下方经过一样。卫星进入阴影后逐渐暗淡，最后完全从视线中消失。

同理，当卫星经过木星正面这一段时从木星的视圆面逐渐穿过。一般的规律是：当卫星刚刚进入木星视圆面时看起来比木星更亮，因为木星的边缘较暗；当卫星接近视圆面中心时看起来则比背景中的木星更暗。当然，这一现象不是因为卫星亮度的变化，而是因为木星中心区域比边缘更加明亮，这个问题已经讲过。

不过更加有趣的是卫星的影子，当卫星经过木星视圆面时，常常可以在木星上看到卫星的影子像一个黑点在卫星旁边一道运动。

木星卫星的各种现象，包括它们和它们的影子的"凌"，在天文星历中都有预测，因此观测者永远能够知晓何时观看食或者凌。

最早发现的 4 颗卫星中最里圈的那颗卫星的食不到两天发生一次。根据这个规律，一个在地球上未知地区的观测者可以判断自己所处的纬度。这个观测者首先要通过某种简单的天文观测判断自己的手表与当地时间的误差，这对于天文学家和航海者来说并不难。接着他要记下卫星发生食的时候当地是什么时刻，比较这个当地时间和星历中预测的时间，根据在《时间与经度的关系》一节中所讲的理论就可以得出他所处的经度。

这个方法的主要缺点是不够精确。用这种观测方法得出的食的发生时间与实际的误差在一分钟左右。在赤道上，经度上的误差将达 15 英里。在两极地区，这个误差的影响较小，因此，这个方法对极地探险者更有价值。

第七节　土星及其系统

在所有的行星当中，土星的大小和质量仅次于木星，其围绕太阳的公转周期是 29 年半。当这颗行星可以看见时，观察者基本上都能轻易认出它来，因为它散发着淡红色的光芒，并且不像恒星似的不停闪烁。

尽管土星没有木星明亮，但是土星环使其成为太阳系中最绚丽的行星。土星环在天空中是独一无二的，难怪早期使用望远镜的观测者觉得它是一个谜。土星环在伽利略看来像土星的两个把手。一两年之后，他却看不到光环了。出现这种情况的原因是，土星在轨道上运行时光环侧面转向地球，伽利略使用的不够完备的望远镜看不到那么薄的环。土星环消失给这位托斯卡纳的学者造成了巨大的困惑，据说他唯恐自己在这项观测上产生幻觉而停止观测土星。后来他年事渐高，将继续观测的工作交给了其他人。那两个像把手的光环自然很快又出现了，但人们却无法知晓它们是什么。40 多年后，荷兰伟大的天文学家及物理学家惠更斯解开了这个谜团，他宣布土星四周围绕着一圈很薄的环形平面，与其本身没有任何接触，并且与黄道一样是倾斜的。

土星的卫星

除了光环，土星周围还有 9 颗卫星——数量比其他任何行星都多。人们一直怀疑存在第十颗卫星，不过这一猜测仍然有待证实。[1] 这些卫星

---

[1] 截至2019年10月12日，已发现82颗土星卫星。

的大小以及到土星的距离都不尽相等。其中一颗名叫泰坦（Titan），用小型望远镜即可看到；其中最微弱的一颗只能用倍数非常大的望远镜才能看到。

泰坦是惠更斯在研究土星环的本质时发现的。还有一段小故事在惠更斯书信出版后才为世人所知。按照当时的惯例，这位天文学家试图保护自己的成果而没有将这一发现公之于众，他将其隐藏在字谜，即一串字母中，需要恰当排列读者才可领会土星伴侣的公转周期是 15 天。他将这个字谜寄给沃利斯（Wallis）——英国一位杰出的数学家。沃利斯在回信中感谢惠更斯对他的关注，并表示自己也有一些要说的，于是他写了一串字母，比惠更斯那串更长。惠更斯向沃利斯解释了自己的字谜，沃利斯立即回复了自己的谜底，令惠更斯惊讶的是谜底竟然是与自己完全相同的发现，只是语言表达不同而且更长。原来，沃利斯是一位密码专家，他破译了惠更斯的发现后想表明字谜是徒劳的，于是设法用自己编排的字母表述了这一发现。

土星环的变化

巴黎天文台（Paris Observatory）始建于 1666 年，是路易十四统治时期重要的科研机构。在这里，卡西尼发现了土星环的裂缝，揭示出土星环实际上由内外两个环构成，二者在同一个平面上。其中外圈的环看起来似乎也有一个裂缝，叫作恩克环缝，是以首位发现这个裂缝的天文学家的名字命名的，但是这个裂缝的确切本质尚不明确。可以确定的是，这个裂缝不像卡西尼环缝那样清晰可辨，只是一道淡淡的暗影。

卡西尼环缝将土星环分成里层和外层两个环，外层环较窄。在外层环上能看到灰白色的恩克环缝，没有卡西尼环缝清晰也更加难以看到。内层环在内侧边缘逐渐暗淡，内侧灰白色的边界叫作暗环。暗环由哈佛天文台的邦德首先指出，长期被认为是一个单独的不同的环，但是仔细观察发现事实并非如此。暗环连接着其外侧的环，只是逐渐暗淡而成为暗环，如图 35 所示。

图 35　土星环详图

　　土星环与土星运行的轨道面夹角大约为 27°，其在土星围绕太阳公转的过程中在太空中保持相同的方向。这种情况的效果图参见图 36。当土星在 A 点时，太阳在土星环的北面（上方）。7 年后，当土星在 B 点时，土星环与太阳侧面相对。经过 B 点后，太阳在土星环的南面（下方），太阳的倾斜角度逐渐增大，至土星到达 C 点达到最大值——27°。此后随着土星向 D 点运动，太阳的倾斜角度逐渐减小，在 D 点土星环与太阳再次侧面相对。从 D 点到 A 点，太阳再次位于土星环的北面。

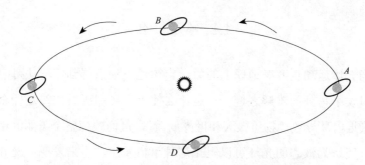

图 36　土星环环绕太阳透视图（土星环平面的方向不变）

地球距离太阳比土星距离太阳近很多，以至从地球上观测土星环与在太阳上观测土星环差不多。我们会连续15年看到土星环的北面，而在这段时间的中期视角最好。此后年复一年，视角逐渐变窄，土星环逐渐以侧面对着地球，直至看起来只是一道线穿过土星，或者可以说土星环完全消失了。随后土星环再次展开，过15年再次消失。1892年土星环消失，1907年再次消失。

了解了土星环的实际形状，便能够理解它们呈现给我们的面貌。我们看到的土星环永远是倾斜的，角度从不大于27°。土星和土星环的总体轮廓如图37所示。观测土星环的视角较大时视野最好，此时环缝和暗环都能看得到。土星在土星环上的阴影是一个深色的缺口，土星环在土星上的阴影像内环的边一样是一道穿过土星的暗线。

图37　倾斜的土星环

土星环是什么

当天体运动也遵循地球上的力学定律这一观点得到广泛认可时，土星环引发了另外的难解之谜——是什么使土星环端居其位？是什么使土星不接近内环导致"物质毁灭和世界崩溃"，进而毁掉整个美丽的结构？人们一度认为液态的光环可以阻止这种事情发生，后来发现情况并非如此。最后终于弄清土星环并不是紧密相连的一个整体，而是微小的物体云集在一起，或许是很小的卫星，或许只是像砾石和灰尘一样的微粒，或许是一片烟雾。这个观点已经得到认可，但是长期缺乏直接的证据。最后基勒（Keeler）用光谱仪证明了这个观点。他发现，土星环的光线展现出的光谱中，深色的谱线不是径直穿过，而是发生弯曲或折断，从而表明构成土星环的物质以不同的速度围绕土星旋转。外侧边缘旋转得最慢，越往里速度越快，若有卫星围绕土星旋转，那么土星环每一处的速度都与该处卫星的速度相同。这个出色的发现是在宾夕法尼亚州匹兹堡附近的阿勒格尼天文台得出的。

土星的卫星系统

惠更斯在宣布发现土星卫星泰坦之时就高兴地认为太阳系至此完整了。当时在太阳系一共发现了 7 颗大的行星和 7 颗小的卫星，二者的数字神奇般地一致。但是，在随后的 30 年里卡西尼打破了这个神奇的数字，又发现了 4 颗土星卫星。此后过了 100 年，伟大的赫歇尔再次发现两颗土星卫星。在 1848 年，邦德在哈佛天文台发现了第八颗土星行星。

下面是土星 9 颗卫星的信息列表：

编号	名称	发现者	发现年份	到土星的距离（英里）	公转周期	
					d.	h.
土卫一	美马斯（Mimas）	赫歇尔	1789	115 000	0	23
土卫二	恩克拉多斯（Enceledas）	赫歇尔	1789	148 000	1	9
土卫三	特提斯（Tethys）	卡西尼	1684	183 000	1	21
土卫四	狄俄涅（Dione）	卡西尼	1684	234 000	2	18
土卫五	雷亚（Rhea）	卡西尼	1672	327 000	4	12
土卫六	泰坦（Titan）	惠更斯	1655	759 000	15	23
土卫七	海波龙（Hyperion）	邦德	1848	920 000	21	7
土卫八	亚珀图斯（Iapetus）	卡西尼	1671	2 210 000	29	8
土卫九	菲比（Phoebe）	皮克林	1898	8 034 000	550	

这个表中最值得关注的是卫星到土星的距离相差非常大，以及靠内侧4颗卫星公转周期之间的关系。里层的5颗卫星似乎形成了一个集团。这个集团与相邻的集团之间有一个间隔，距离超过最里层那颗卫星的宽度，之后是另一个集团，由两颗卫星组成，分别是泰坦和海波龙。接着是一个比海波龙距土星的距离还宽的间隔，这个间隔外面是亚珀图斯。

土星卫星的公转周期之间也有着奇特的关系：土卫三的公转周期几乎是土卫一公转周期的2倍，土卫四的公转周期差不多是土卫二公转周期的2倍，泰坦的四个公转周期与海波龙的三个公转周期简直完全相等。

上述最后两颗卫星之间的关系缘于二者引力奇特的相互作用。为了说明这个问题，我们画了一幅二者的运行轨道图，如图38所示。

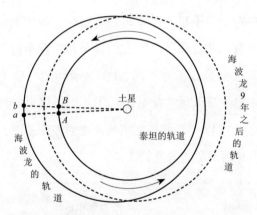

图38　泰坦和海波龙的运行轨道及其相互关系

其中外圈是海波龙的轨道，偏心率非常大，参见图示。假设这两颗卫星在某一时刻会合，里层较大的卫星是泰坦，在 A 点，位于外层的海波龙在 a 点。65天后，泰坦将公转三周，海波龙将公转四周，这使二者再次会合，不过会合点不是恰好在上次会合的那个点，但是非常接近。此时，泰坦已到达 B 点，海波龙到达 b 点。第三次会合时，二者将在直线 Bb 上方一点，以此类推。实际上，会合点比图上显示得还密集。在19年的时间里，会合点将慢慢走完一圈，两颗卫星将再次会合于直线 Aa 上。

会合点做缓慢圆周运动产生的影响是，海波龙的轨道，或者更确切地说是其轨道长轴也随着会合点做圆周运动，因而会合总是出现在二者轨道相距最远的地方。图 38 中的虚线体现了海波龙的轨道在 9 年的时间里发生了怎样的移动。

这个运动的有趣之处是，就目前所知它是独一无二的，太阳系中其他地方没有类似的情况。

不过或许土卫一和土卫三之间以及土卫二和土卫四之间也有非常相似的相互运动。

土星环和卫星的物质之间的相互吸引还有一个更加引人关注的特点，即所有这些天体中除了最外面的一颗卫星，其他都恰好在一个平面上。如果没有什么与太阳的引力相抵，那么几千年后，这些天体将在太阳引力的作用下分散到不同的轨道上，并与土星轨道保持相同的倾斜度。然而由于它们之间的相互引力，其轨道面都保持一致，仿佛牢固地依附于土星似的。另外还有一点值得注意：土星最外层的卫星自东向西公转，这一情况和木星外层的两颗卫星相同。

土星的物理结构

土星的物理结构与相邻的木星的物理结构有着明显的相似之处：二者都因为密度小而引人关注，土星的密度甚至小于水的密度。另一个相同点是高速自转，土星的自转周期是 10 小时 14 分钟，比木星的自转周期稍微长一点。土星表面似乎也因为云雾而千变万化，与木星相似，不过相比之下更暗，所以看不清楚。

木星密度小的可能性原因同样适用于土星。土星可能有一个相对较小但是质量很大的内核，包围在巨大的大气层中，我们所看到的只是土星大气层的表面。

第八节　天王星及其卫星

按距离太阳远近排序，天王星是第七颗大行星。通常认为只能用望远镜才能看到天王星；其实，视力好的话无须借助任何手段就能轻易看到天王星，但要知道它的确切方位，以便在众多外观相似的小星星中认出它。

1781年，威廉·赫歇尔爵士发现了天王星，起初他以为是彗星的彗核。但是这颗星的运动很快表明事实并非如此，不久赫歇尔爵士发现它是太阳系的一个新成员。为了感谢其皇家赞助人乔治三世，赫歇尔打算将这颗行星命名为乔治星（Georgian Sidus），这个名字在英国沿用了大约70年。欧洲大陆的一些天文学家提议应该以发现者命名，经常称其为"赫歇尔星"。"天王星"这个名字最初由波德提出，一直在德国使用，到1850年才成为通用名称。

天王星的轨道测定出来后，就能画出其之前的轨迹，从而揭示一些奇特的现象，原来对天王星进行的观测和记录100年前就已经有人做过了。1690~1715年，英国皇家天文学家弗拉姆斯蒂德（Flamsteed）在给恒星编制目录的过程中，曾五次偶然将这颗星记录为恒星。更为特别的是，巴黎天文台的莫尼埃（Lemonnier）曾经在2个月的时间里记录这颗星八次，分别在1768年12月和1769年1月。但是他从未研究自己的发现，直到赫歇尔宣布这是一颗行星，他才意识到一项多么伟大的发现在他手中握了10年。

天王星的公转周期是84年，它在天空中的位置缓慢地发生变化。

天王星到太阳的距离是土星到太阳距离的2倍，用天文单位（astrono-mical unit）表示是19.2，用我们熟悉的度量是17.82亿英里。

由于距离遥远，我们很难在其表面看到任何明确的特征。借助高倍望远镜，天王星看起来苍白而泛着绿色。一些观测者认为他们在其表面看到了微弱的明显特征，但这恐怕是一种错觉。

天王星的卫星

天王星有4颗卫星在各自的轨道上旋转。[1] 外面的两颗用口径为12英寸或者更大的望远镜就能看到，里面的两颗要用倍数更高的望远镜才能看到。按照离天王星从近到远的顺序排列，它们分别是：阿里尔（Ariel）、昂布里特（Umbriel）、提坦亚（Titania）、奥伯伦（Oberon）。它们距离天王星从11.9万英里到36.4万英里不等。

这4颗卫星的历史有点不同寻常。除了其中两颗最亮的卫星，1800年以前赫歇尔认为他不止一次瞥见了另外4颗，因此50多年之间人们一度确信天王星有6颗卫星，因为赫歇尔的望远镜在当时是最好的。

1845年，英国人拉塞尔（Lassell）着手制作反射望远镜，制造出了两个巨型望远镜，其中一个口径为2英尺，另一个口径为4英尺。为了在地中海晴朗的天空下进行观测，拉塞尔把后者带到了马耳他岛。在那里，拉塞尔和他的助手对天王星展开仔细观测，最终断定赫谢尔说的另外几颗卫星并不存在。另外，在天王星近旁新发现了两颗星，此前未曾有人看到过。在随后的20年里，人们用当时欧洲最好的望远镜并没有找到这两颗新发现的星，一些天文学家对二者的存在表示怀疑。但是1873年冬天，刚刚安装完成的口径为26英寸的华盛顿望远镜发现了这两颗星，二者的运动与拉塞尔观测的结果完全一致。

---

[1] 截至2003年，已发现27颗卫星。

这两颗星最显著的特点是，其轨道与天王星的轨道几乎是垂直的。这种情况导致天王星的轨道上有两个相对的点，在这两个点上看到的是卫星轨道的侧面。当天王星在这两点中任何一点的附近时，从地球上看，这两颗卫星好似在天王星的两边以南北方向上下转动，犹如钟摆的摆锤。接着，随着天王星的移动，卫星轨道在我们眼中慢慢展开。20 年后我们又会看到它们垂直了。此时的轨道看起来几乎是圆形的，随着天王星继续移动，卫星轨道在我们眼中将再次合拢。上一次卫星轨道以侧面对着地球是在 1924 年，下一次在 1945 年。

第九节　海王星及其卫星

就目前所知，海王星是太阳系中最外面的行星。其大小和质量与天王星差异不大，但是它距离太阳非常遥远，有 30 个天文单位，远远超过天王星的 19.2 个天文单位，这使它更加微弱更加难以观测。海王星远在肉眼可见范围之外，不过一架中型望远镜就能观测得到，只要能够从天空中众多亮度相似的恒星中辨认出来。

海王星的视圆面需要借助倍数相当大的望远镜才能看清楚。它看起来泛着点蓝色或铅灰色，明显有别于天王星的海绿色。直接观测看不出它的自转情况，利用分光仪测出海王星的自转周期为 15.8 小时。

1846 年，海王星的发现是数理天文学举世瞩目的伟大壮举之一。它因为对天王星施加的引力而早为世人所知，但并没有什么证据证明。导致这一发现的历史情况非常有趣，我们简要地说一说重点。

海王星的发现历史

19 世纪前 20 年，巴黎著名的数理天文学家布瓦尔（Bauvard）准备给木星、土星和天王星绘制新的运行图，当时认为它们是太阳系最外面的 3 颗行星。他根据拉普拉斯的计算得到了这 3 颗行星因相互间的引力作用而产生的误差。他绘制的图与所观测到的木星和土星的运动成功吻合，但是几经努力也未能与所观测到的天王星的位置相吻合。如果他只考虑赫歇尔发现天王星以来的观测结果，还可以吻合；但与弗拉姆斯蒂德和莫尼埃早先的观测结果却完全不相吻合，在这两位的时代天王星被认为是恒星。因此他摒弃了以前的那些观测结果，于是他绘制的轨道图与新的观测结果相吻合，并发表了他绘制的运行图。然而人们很快发现天王星离开了它的计算位置，天文学家们开始思索其中的缘由。其实，肉眼来看这个误差非常小；若有两颗行星，一个真实存在，一个在计算的位置上，肉眼不能把它们区别开。但是望远镜可以很好地区分。

这种情况一直持续到 1845 年。当时巴黎有一位年轻的数理天文学家勒维耶，已经在其研究领域享有盛誉，他向科学院上报的一些研究使阿拉哥看出了他的才华。阿拉哥让他关注天王星，并建议他对此进行研究。勒维耶想到误差可能是天王星外侧一颗不为人知的行星施加的引力造成的。接着他便计算这个行星在什么样的轨道上运动会产生这个误差，并于 1846 年夏天向科学院提交了研究结果。

巧合的是，在勒维耶开始自己的研究之前，剑桥大学的一名英国学生约翰（John C.Adams）也想到了这一点，并着手同样的研究。他甚至在勒维耶之前得出了结论，通报给了皇家天文学会。两位都计算出了这个不为人知的行星当时的位置，如果能够把这颗行星与恒星区别开的话，只要在指定区域寻找就能发现这颗行星。然而遗憾的是，天文学会的艾里（Airy）对此表示怀疑，直到他注意到勒维耶的预测才意识到寻找这颗行星有多么不容易。二者的计算结果非常接近也引起了关注。

于是，寻找行星的事情继续进行。查理斯（Challis）教授在剑桥天文台对天空中指定区域的恒星进行了非常彻底的观测。我必须对此稍做解释：在遍布天空的众多恒星的包围之中辨别出一颗很小的行星在当时设备不完善的情况下绝非易事，有必要对尽可能多的星星反复测量其位置，以便对比观测结果，从而判断其中是否有一颗移动了位置。

正当查理斯忙于此项工作时，勒维耶得知柏林的天文学家正在给天空绘制星图。于是他写信给柏林天文台的负责人恩克，建议他们也寻找这颗行星。恰好柏林的天文学家刚刚完成了这颗行星所在空域的星图，因此就在收到信件的当晚，他们拿着星图搜寻望远镜中看到的在图上是否有遗漏。目标很快找到了，对比它和周围恒星的位置，似乎有些许移动。但是恩克非常谨慎，要等到第二天晚上证实这个发现。次日发现目标已经移动了很多，没有什么可怀疑的了，他写信告诉勒维耶那颗行星真实存在。

当这个消息传到英国，查理斯继续查看自己的观测，发现他确已两次观测到这颗行星。但遗憾的是他没有停下来对比他的观测结果，于是直到柏林观测到目标以后他才认出这颗行星。后来天文学家恰当地将这项发现的荣誉共同授予勒维耶和亚当斯。

海王星的卫星

毫无疑问全世界的天文学家都会观测新发现的行星。于是拉塞尔先生很快发现海王星有一颗卫星，直径有 3 000 英里。

这颗卫星距离海王星 22 万英里，和月球与地球的距离差不多，但它公转周期只有 5 天 21 小时，这意味着海王星的质量为地球的 17 倍。

这颗卫星自东向西运动，轨道近似圆形，向海王星的赤道偏转了 20°。在长达 600 年的时期里，这个轨道向东方稍微移了一周，但是倾斜度没有变化。这种移动和海王星赤道部分的凸起有关。观测这个位移的速度能帮我们计算海王星的赤道鼓起了多少，这个数值很小，所以我们无法通过望远镜从遥远的海王星上看出端倪。

赤道部分凸起指示了海王星的自转。凸起的大小和我们掌握的其他信息整合起来，可以作为测量海王星自转周期的证据。不过，在这个问题上分光仪更方便，里克天文台的摩尔（Moore）通过分析海王星的光谱，在 1928 年计算出它的自转周期是 15.8 小时，自转方向从西向东。

第十节　冥王星

虽然发现了海王星，但是天王星存在的误差仍然不能完全消除。把海王星施加的引力考虑进去，天王星的实际运动依然和计算出的轨道有出入。当然，计算结果与实际情况的差距已经很小了，小到有些天文学家认为，再说还存在未被发现的行星一类的话，是不可信的。如果真的还有没被发现的行星，那么问题就大了，一来天王星轨迹的误差并不大，二来那颗未知的星在望远镜中一定很难被发现。

罗尼尔（Percival Lowell）一直为解开这个问题而努力，他来自亚利桑那的天文台。他先计算出那颗未知星的轨道，然后和天文台的同事一起通过望远镜寻找。他们进行摄影，先给可能出现新星星的空域拍摄照片，过一段时间，再给同一区域拍照，进行比较，看是否有恒星移动了位置。如果有移动，那么就是颗行星，而不是恒星，如果他们足够走运，就能找到要寻找的那颗星星。

1916 年，罗尼尔去世了，但是找寻的工作并没有停止。这个过程中有过很多次失望，银河系有很多小行星，它们集中在火星和木星的轨道之间，看起来像恒星，却会运动。于是，人们多次在照片上发现移动的行星，但是过后证明只是小行星，不是大家寻找的遥远的行星。1930 年1 月，又从照片中发现一颗移动的星，它移动速度很慢，符合比海王星更遥远的条件。它是在双子座 δ 星附近被发现的。这是大家苦苦寻找的行星吗，还是另一颗运行速度很慢的小行星？时间会给我们答案。人们一个夜晚又一个夜晚地耐心观测。它的运动没有加速。寻找画下句号，新行星找到了。1930年3月13日，汤博（C.W.Tombaugh）宣布了这一发现。[1]

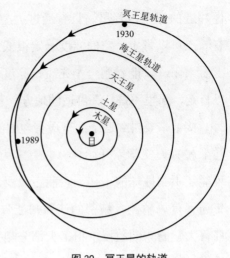

图39　冥王星的轨道

人们回过头在旧的照片中寻找这颗星曾经的痕迹，找到许多佐证，可以追溯到1919年。这些旧的记录提供了有价值的资料，以便人们计算这颗星的轨道。它围绕太阳公转的周期是249年，与太阳的平均距离是日地距离的39.6倍。

平均来看，冥王星在海王星之外9亿英里。冥王星的轨道和圆形差距很大，比太阳系中任何一个大行星的轨道都更扁，甚至和海王星的轨道有交叉。那么这两颗星会不会相撞？不会。冥王星的轨道倾斜得厉害，虽然它有时候距离太阳比海王星距离太阳更近，有时候更远，但是它们的最短距离也有2.4亿英里。

这颗新发现的行星被定名为冥王星（Pluto），有两层含义。P、L两个字母是罗尼尔名字的缩写，罗尼尔创建了位于亚利桑那弗拉斯塔夫的罗尼尔天文台。这个发现就是在这个天文台完成的。另一方面，命名者认为冥王刚好是黑暗世界的统治者。不过冥王星上并不一定非常黑暗。还有一个天文学家提议叫海后星（Amphitrite），似乎更加合适，海后是海王的妻子。这样"冥王星"这个名字可以留着给更遥远的行星使用。这都不是什么大事。

冥王星上是个什么样子呢？它的大小、质量与地球更相近，反而不

---

[1] 后来，国际天文联合会认识到冥王星仅为众多外太阳系较大冰质天体中的一员，于2006年正式定义了行星的概念，将冥王星排除出行星范围，划定为矮行星。

像邻近的那些巨行星。只有通过大型望远镜才能观测到这颗黄色的星。有一点可以肯定，它的温度一定很低，低到不可能存在生命。从冥王星上看太阳，只能看到一个光斑，亮度比满月的大 300 倍，仅此而已。可以肯定，那里不是什么舒适的地方。

接下来要讲到这个故事最有趣的部分了。通过照片发现这颗星之后，马上就有天文学家开始计算它有多大、怎么运行。结果显示它非常小，可能还不到地球的 1/10。它能否像罗尼尔设想的那样影响天王星运动？普通人可以猜测，精密的计算却能告诉大家决定性的答案。业内权威、耶鲁大学的布朗教授承担了大部分相关工作，他通过研究得出了明确的答案。冥王星对海王星的影响非常小，就如布朗教授所说："无法像罗尼尔假设的那样通过它对海王星的影响反推出它的存在。"

这么一来，罗尼尔所做的计算只在理论上有些趣味。若从实际贡献来看，他只有一座用自己的资产创建的天文台。这个天文台用于天文摄影研究，他为了找到那个新星细心研究拍摄的照片。但是在他去世很久之后，这颗星才被发现。

第十一节　如何丈量天空

测量天空中的距离使用的方法和工程师测量难以接近的物体类似，比如山峰。取两点 *A* 和 *B*，*A* 点和 *B* 点之间的连线作为基线来测量第三个点 *C*。工程师在 *A* 点测量 *B* 点和 *C* 点之间的角度。在 *B* 点测量 *A* 点和 *C* 点之间的角度。因为三角形的三个内角和永远等于 180°，所以从中减去角 *A* 和角 *B* 之和便得到角 *C*。显然角 *C* 对着基线，如果一个人站在 *C* 点观测也会产生这种三角关系。这个角一般叫作视差，是从 *A* 点和 *B* 点观察 *C* 点所产生的方向差，如图 40 所示。

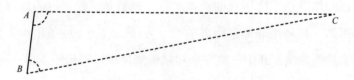

图 40　用三角测量法测无法接近的物体的距离

显而易见，以给定的基线为基准，距离目标越远视差越小。距离远到相当的程度，视差就会小到无法测量出数据。此时直线 *BC* 和直线 *AC* 看起来方向相同。视差因为距离遥远而看不出来，此外基线的长度也会影响测算。

在所有天体中月亮离地球最近，从而视差也最大，因而其到地球的距离能够测量得最为精准。甚至生活在公元 1、2 世纪的托勒密都测量出了月球到地球的大致距离。但是行星的视差太小了，只能用最精密的仪器进行测量。

用于测量的基线的两个端点可以是地球表面的任何两点，如格林尼治和好望角的天文台。世界各地分布着数量众多的观测站，我们已经讲过的金星凌日发生时，根据这些观测站能够推测金星在开始和结束时的方向。这个测量距离的方法叫作三角测量（triangulation）。

关于三角测量的介绍只供读者了解相关的一般原理。显然地球上相距很远的两个观测者在同一时间得出的行星的方向不可能完全一致。视差在实际测量中对观测上的配合要求极为复杂，就不在这本书里讲了，但基本原理是一样的。

要得出整个太阳系的大小，只要知道任一行星在任一时刻与地球之间的距离。人们将所有行星的轨道和运动都尽可能以最高的精度画成图，好似一个国家的地图，唯独没有以英里为单位的比例尺。只有清楚比例尺才能在地图上测量一地到另一地的距离。天文学家需要的正是这种太阳系的比例尺，然而即使用最精密的仪器仍不能测量得如他们所期望的那样准确。

问题的焦点在于比例尺的基本单位，也就是已经讲过的地球到太阳的平均距离。视差绝非测量距离的唯一方法。过去100年里，人们已经研究出了其他方法，其中一些完全和精确测量视差得到的结果一样准确，甚至可能更精确。

光速测量法

这些测量方法中最简单而又最引人关注的是利用光速进行测量。在地球轨道的不同点上分别观测木星卫星的食，发现光从地球到达太阳大约需要8分20秒，或者说500秒。另一种方法是利用恒星的光行差。光行差是指地球和恒星发出的光线同时运动使恒星的位置出现些许位移。对光行差进行精确观测得出光从地球到太阳的准确时间是498.6秒。如果已知光在1秒钟走过的距离，再乘以498.6就能够测量出地球到太阳的距离。目前可以说光速为每秒 299 792.458 千米，或者每秒 186 282 英里。这个结果乘以 498.6 便得出地球到太阳的距离为 9 288 万英里。

太阳引力测量法

第三种方法是测量太阳施加给月亮的引力。这个引力产生的一个影响是，在月亮每个月围绕地球公转的过程中，上弦时比平均位置落后 2 分钟多一点，满月时赶上并超过平均位置，于是下弦时又比平均位置提前 2 分钟，至新月时再次落后于平均位置。于是，月球围绕地球的运行有一点摇摆。摇摆的幅度与到太阳的距离成反比。因此测量出摇摆的幅度，就可以推算出距离了。至于其他天文测量方法，测量难度非常大。像这样的摇摆在测量中很难不出现误差；而且，测定太阳在一定距离上造成多大幅度的摇摆是天体动力学的难题之一，仍然没有得到令人满意的解决并得出明确的结论。

第四种方法也要借助引力。只要知道地球的质量和太阳质量之间的确切关系，也就是说，如果能够准确测量出太阳的重量是地球重量的多少倍，就能计算出地球必须距离太阳多远才能在一年之中围绕太阳公转一周。那么，唯一的困难是称量地球的重量与太阳的重量做比较。根据地球的引力所引起的金星轨道位置的变化便可最精确地得出这个重量。比较 1761 年、1769 年、1874 年和 1882 年发生金星凌日时金星轨道的位置，可以发现轨道处于持续运动之中，算出太阳的质量是地球和月亮质量之和的 332 600 倍。于是我们可以用另外一种方法计算地球到太阳的距离。

通过上面几种方法以及其他手段，我们得到了太阳的地心视差（geocentric parallax），即从地球的中心和赤道上的一点看见的太阳升降时其中心点的变化，为 8.8 秒多。这么小的偏差用眼睛是看不出来的，但是借助望远镜可以观测出来。从太阳的角度看，地球是一个小点，如果通过望远镜，地球则有圆盘那么大。

我们知道赤道处地球的半径，知道太阳的视差，可以很容易地计算出地球距离太阳的距离。这个距离略小于 9290 万英里。

用英里做单位，太阳和地球的距离实在太大了。事实上，的确不小。要是用光或无线电传播的速度来计量，才 8 分钟多一点，除了太阳，最近的恒星距离我们有 4 光年（light-year）远。从那么远的恒星上看，太阳也是个小小的星星，地球根本就看不到了，用望远镜也看不到。就算能看到，不通过最大的望远镜也不能把太阳和地球区分开。我们觉得日地距离那么大，从那个遥远的地方看却只有不到 1 弧秒的角度。

人们把地球到太阳的平均距离称为天文单位。它被拿来当作太阳系的比例尺，帮助测量其他行星的距离。另外，天文距离还是一根基线，用以测量太阳系外的恒星或其他天体的距离。基于这些原因，天文学家一直努力把天文单位测量得更加精确。

第十二节　行星的引力与称量

我们已经了解了行星环绕太阳的运行轨道，但是轨道所遵循的并不是行星运动的基本法则，行星运动的基本法则只受万有引力的支配。牛顿所阐述的万有引力定律非常详尽，无须做任何补充。万有引力定律的内容是，宇宙间物质的每一个粒子都对其他所有粒子产生引力，这个力与粒子之间距离的平方成反比。这是目前已知的唯一自然法则，其产生的效力具有绝对普遍性和永恒性。自然界的所有其他进程都会因为冷和热、时间或地点、其他物体的存在与消失而以某种方式发生变化或调整，但是人类对物质的任何干预丝毫没有改变万有引力。对于两个物体，不管我们如何处置它们，不管我们在它们之间设置什么障碍，不管它们移动得多么快，二者相互吸引的力都完全相等。

行星的运动受到彼此之间引力的支配。即使只有一颗行星围绕太阳运动，它也得运动下去，原因只有太阳的引力。纯粹的数学计算表明，这样的行星将走出一个椭圆，太阳在其中的一个焦点上。这颗行星将在这个椭圆上一圈又一圈地持续移动直至永远。根据万有引力定律，行星之间一定相互吸引。而这个相互的引力远小于太阳的引力，原因是太阳系中行星的质量比中央天体的质量小。这个相互的引力导致行星没有走出椭圆形。它们的轨道并非标准的椭圆形，只是非常接近椭圆形。它们的运动问题仍然是一个纯粹的数学论证问题。自牛顿以来，世界上最有才华的数学家都从事这方面的研究，每一代都研究并且发展前人的成果。牛顿之后 100 年，拉普拉斯和拉格朗日（Lagrange）揭示出行星近似椭圆形的轨道逐渐改变着形状和位置。这些变化提前几千年、几万年甚至数十万年就能计算出来。因此，我们已经得知地球围绕太阳运行轨道的偏心率正在一点点减小，并且将在 4 万年的时间里继续减小；此后这个轨道偏心率又将增大，进而经过比 4 万年更长的时间将会比现在更大。所有的行星都将如此。行星的轨道在数万年的时间里一点点地反复改变着形状，正所谓"永恒的大钟以时代计，就像我们的钟表以秒计"。如果不是因为数理天文学家对于行星运动的实际预测惊人地准确，普通的读者则要怀疑对未来数千年预言的准确性。这一准确性是解决了测量每个行星施加给其他所有行星运动的影响这一难题而得到的。刚才已经说过，如果没有其他任何天体的吸引，每一颗行星都会在固定不变的椭圆形轨道上围绕太阳运行，我们可以通过假设这种情况来预测行星的运动。此时我们的预测一次又一次地出现误差，误差可以达到几分之一度；也许预测的时间长，误差会更大。

然而，将所有其他行星的引力考虑在内，预测就会非常准确，甚至连精确的天文观测都难以看出明显的误差。在前面章节提到的海王星的发现历史就是这些预测准确性的明显例证。

如何称量行星

现在我竭力让读者了解数理天文学家是如何计算出这些了不起的结果的。显然，为了进行计算他们必须知道每一颗行星施加给其他行星的引力，这与施加引力的行星的"质量"成正比。我们可以说，当天文学家测量行星的质量时是在给它们称重。其中的原理与屠夫在弹簧秤上称量火腿的原理相同。屠夫拿起火腿就能感受到火腿受到的地球的引力，当他把火腿挂到秤钩上，这个引力就从他的手上传递到了秤的弹簧上，引力越大弹簧向下拉得越长。刻度显示的就是拉力的强度，这个引力其实就是地球对火腿的吸引力。根据力学定律，火腿对地球的吸引力等于地球对火腿的吸引力，所以屠夫所做的其实是称量火腿对地球吸引力的大小或者强度，他把这个引力叫作火腿的重量。同理，天文学家求得一个天体的重量就是根据该天体对其他天体的吸引力的强度。

将这个原理应用于天体便立刻遇到看似无法克服的困难，因为不能到天体上去称重。那么如何测量天体的引力呢？为了回答这个问题，首先必须准确地解释物体的重量和质量之间的区别。物体的重量在世界各地都不尽相同，一个物体在纽约重30磅，在格陵兰岛用弹簧秤称量就是30磅零1盎司，在赤道至少将近31磅。这是因为地球不是标准的球体，有一点扁，因此重量因为地点而发生变化。重30磅的火腿在月球上称量仅为5磅，因为月球比地球小，也比地球轻。但是放到月球上的火腿和在地球上的是一样的。火腿在火星上的重量又不一样，在太阳上又会是另外一个重量，大约800磅。由此可见，天文学家不说行星的重量，因为重量取决于称重的地点；而说行星的质量，意为行星在物质上有多少，无关乎在何处称量。

与此同时，我们可以认同天体的质量为其在某个地点的重量，比如说纽约。我们无法想象行星在纽约的情形，因为行星或许比地球都大，所以我们所想象的是：假设一颗行星等分为1万亿份，其中一份拿到纽约并称重，很容易称出重量是多少磅或者多少吨，然后用重量乘以1万亿便得出这颗行星的重量。天文学家或许以此作为这颗行星的质量。

经过上述说明，我们来看看地球的重量是如何称量的。我们使用的原理是，比重相同的球体吸引在其表面上的小物体的力与其直径成正比。例如，直径是2英尺的物体其吸引力是直径为1英尺的物体吸引力的2倍，直径是3英尺的物体其吸引力是直径为1英尺的物体的3倍，以此类推。那么，地球的直径大约为4千万英尺，其吸引力就是直径为4英尺的物体的1千万倍。由此可见，如果我们制作一个小的地球模型，直径为4英尺，比重为地球的平均比重，那么其对微粒的吸引力是地球吸引力的1/10 000 000。我们已经在本节讲述了如何在地球上实际测量这样一个模型的吸引力，得出的结果是地球的全部质量是相同体积的水的质量的 5.5 倍。由此便可计算出地球的质量。

接着我们讲行星。我们已经讲过天体的质量或者重量根据其对其他某个天体的吸引力来测量。测量方法有两种。一种是根据一颗行星对其相邻的行星的吸引力，这个吸引力导致二者偏离没有这个引力的情况下二者运行的轨道。测量出偏离的差值，就能推算出引力的大小，进而计算出行星的质量。

显然，这种方法所需的数学计算过程非常精细与复杂。有卫星的行星可以用更加简单的方法，因为根据卫星的运动能够推算出行星的引力。第一运动定律告诉我们，运动的物体如果不受外力的作用，将做直线运动。据此，如果我们看到一个物体做曲线运动，我们便知道这个物体在其曲线运动方向上受到一个外力。从手中抛出的石头便是一个熟悉的例子。如果石头没有受到地球的吸引将一直沿着抛出的直线运动，直至完全脱离地球。但是在石头向上运动的同时因为受到地球引力的作用而不断下落，最终又会落到地面。显然，石头抛出的速度越快抛得越远，掠过的曲线轨迹越长。如果是一颗炮弹，其第一段曲线几乎是一条直线。如果在一座高山的山顶以每秒 5 英里的速度水平发射一颗炮弹，并且没有空气的阻力，那么炮弹轨迹的曲度将等同于地球表面的曲度，永远不会落到地球上，而是如同一颗小卫星在自己的轨道上围绕地球旋转。如果这种情况可以实现，只要知道炮弹的速度，天文学家便可计算出地球的引力。月球是一颗卫星，其运行犹如这颗炮弹，在火星上的观测者可以通过测量月球的轨道推算出地球的引力，就像地球上的人通过实际观测地球上落体的运动进行推算一样。

可见，像火星和木星这样有卫星环绕的行星，地球上的天文学家能够根据行星对其卫星产生的吸引力推算出行星的质量。计算方法非常简单，即行星与卫星距离的立方除以公转时间的平方。计算得出的商与行星的质量成正比。这个计算方法也适用于月球围绕地球的运动和行星围绕太阳的运动。我们用地球到太阳距离的立方除以一年之中天数的平方，即 9300 万英里的立方除以 365.25 的平方，便得到一个商数。我们姑且把这个数叫作太阳商数。然后，我们用月球到地球距离的立方除以月球公转周期的平方便得到另外一个商数，可以称之为地球商数。太阳商数大约是地球商数的 33 万倍。据此推断，太阳的质量是地球质量的 33 万倍——这么多个地球才能跟太阳一样重。

我用这个计算旨在说明这个原理，但绝不能认为这就是天文学家的工作，他们只做这种简单的计算。再说月球和地球，月球的运动和到地球的距离因为太阳引力的作用而发生变化，所以二者之间的实际距离是一个变量。天文学家实际上是通过观察每秒敲击一次的钟摆在不同纬度上的长度来得出地球引力的，然后通过非常精妙的数学方法精确地计算出与地球相距若干距离的小卫星的公转周期，并得出地球商数。

我已经指出，必须借助卫星才能求出行星的商数，幸而其他卫星的运动因为太阳的引力而发生的改变小于月球的。我们对火星的外层卫星进行计算，得出商数是太阳商数的 1/3 085 000，由此可得火星的质量是太阳质量的 1/3 085 000。根据相应的商数，木星的质量约是太阳质量的 1/1 047，土星的质量是其 1/3 500，天王星的质量是其 1/22 700，海王星的质量是其 1/19 400。

我所讲述的只是天文学家研究的重要原理。万有引力定律是其全部工作的基础。这个定律的表达需要数学计算，虽经历 300 多年的发展仍然不尽完善。测量卫星的距离不需要在夜晚进行，而需要积年累月的耐心，但精确程度并没有达到天文学家的期望。天文学家尽其所能使工作有所进展，必定会取得满意的成果，他们一直这样努力着并取得了各种各样的成就。

ASTRONOMY
FOR
EVERYBODY

第五章

彗　星　和　流　星　体

第一节　彗　星

　　彗星与我们迄今为止所研究的天体的相异之处在于其特殊的外观、轨道的偏心率以及罕见性。其构造依然成谜，但出现时非常有趣。对彗星进行仔细研究后发现其具有三个特点，这三个特点并非各自独立，而是融为一体。

　　首先肉眼所看见的是或明或暗的一颗星，我们称之为彗星的彗核。

　　包裹彗核的是一团模糊的云状物，像雾一样，向着边缘逐渐暗淡，因此看不清边界，我们称之为彗发（coma）。彗核和彗发共称为彗头，看起来就像透过迷雾的闪烁的星光。

　　从彗星延伸出来的是彗尾，长短各异。小彗星的彗尾可能短到不能再短，而大彗星的彗尾在天空中延伸出一道长长的弧线。彗头附近窄而且明亮，逐渐远离头部则变得越来越宽、越来越分散，因此总是有几分像扇形。彗尾渐渐地暗淡下来，很难说眼睛可以追踪到多远。

　　彗星的亮度差异巨大，尽管明亮的彗星外表绚丽，但是绝大部分彗星肉眼是看不到的。望远镜观测到的彗星和明亮的彗星之间并没有明显的区别，不过亮度从最微弱的到最明亮的有一个规律的层次。有时望远镜观测到的彗星看不见彗尾，只有极其微弱的彗星才会出现这种情况。有时几乎完全没有彗头，在这种情况下只能看见一小团彗发，像稀薄的云彩，或许中心会明亮一点。

　　历史记录显示，100 年中一般出现 20~30 颗肉眼可见的彗星。用望远镜扫视天空则发现彗星多到数不清。目前，勤奋的观测者每年都发现相当多的彗星。无疑，观测在很大程度上具有偶然性，同时也取决于观测技巧。有时几位观测者分别发现同一颗彗星，而这题彗星出现时第一个准确锁定彗星的位置并且向天文台通报情况的观测者便被定为发现者。

彗星的轨道

望远镜发明后不久人们便发现彗星像行星一样在围绕太阳的轨道上运行。艾萨克·牛顿爵士指出，彗星的运动受到太阳引力的支配，就像行星的运动一样。二者最大的区别是，行星的轨道近似圆形，彗星的轨道狭长，以至多数情况下无法判断哪里是远日点，或者轨道的远端在哪里。很多读者想准确地知道彗星轨道的基本情况和对其产生制约的法则，下面我们就来解释这个问题。

牛顿指出，物体的运动受到太阳引力的影响将永远画出圆锥曲线。这个曲线有三种：椭圆、抛物线和双曲线。众所周知第一种是首尾相连的封闭曲线；而抛物线和双曲线不是这样，二者都有两个分支无限延长。抛物线的两个分支更加接近，向远处延长时几乎方向相同，而双曲线的两个分支彼此分开。彗星的抛物线轨道如图 41 所示。

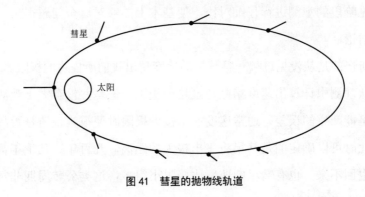

图 41　彗星的抛物线轨道

记住了这些曲线，再想象地球把我们留在其轨道上的某个点并且悬在空中，自己继续公转，直至一年后再回来接上我们。在此期间，我们悬在半空中的我们为了消遣，发射圆球使之像小行星一样围绕太阳公转。结果，所有发射出去的球速度都小于地球的速度，也就是说，小于每秒18.6英里，其围绕太阳的运行轨道是封闭的，比地球的轨道小，而与发射方向无关。一个非常简单而奇异的规律是，如果速度相同，这些小球运行轨道的周期永远相同。所有的球以地球的速度发射出去都是一年公转一周，于是在同一时刻一起回到出发点。如果速度超过每秒18.6英里，轨道则比地球的轨道大，速度越大公转周期越长。若速度超过每秒26英里，则太阳的引力无法控制圆球，圆球将会沿着双曲线的一个分支永远地飞走。这种情况与发射方向无关。因此，在相距太阳的每一段距离上都有一定的速度极限，如果彗星超过这个速度极限就会飞离太阳永远回不来，如果小于这个极限则一定会在某一时间回来。

离太阳越近这个速度极限越大，与到太阳距离的平方根成反比，据此，若到太阳的距离是原来的4倍，那么速度极限只是原来的一半。计算空间中任一点的速度极限所运用的法则非常简单：取行星经过圆形轨道上一点的速度，乘以2的平方根1.414。

由此可见，如果天文学家通过观察可以得出彗星经过轨道上已知一点的速度，就能推算出彗星飞离太阳的距离以及返回的周期。对彗星整个可见阶段的观测进行仔细对比，便基本上能够对这个问题得出一个明确的结论。

奇怪的是从没见过哪一颗彗星的速度超出我们所描述的极限。的确，有时从观测中计算出速度略微超过这一极限，但是并没有大于观测这类天体可能产生的误差。通常速度非常接近极限时便很难说清是否超出极限，此时可以确定的是彗星将飞出极大的距离，几百年、几千年甚至几万年也回不来。也有彗星的速度比极限小得多，这类公转周期非常短的彗星叫作周期彗星（periodic comets）。

据我们所知，大多数彗星的运动过程都是这样的。它们看似从很远处向着太阳坠落，但我们知道不是这样的。如果彗星正对着太阳落下就会掉进太阳里面，但是这种情况从未见发生过，而且也不可能发生，原因如下：当彗星接近太阳时，它获得的速度越来越大，在很大的曲线上围绕中央天体加速飞行，由此产生的离心力使它再次飞走回到接近它来的方向上。

由于彗星很微弱，即使用高倍望远镜也只能在其轨道相对接近太阳的部分看到它们，因此在很多情况下难以推断彗星再次出现的准确周期。

哈雷彗星

天文学史上第一颗以规律的周期回归的彗星是著名的哈雷彗星（Halley's comet）。哈雷彗星出现在 1682 年 8 月，在一个月的时间里都可以观测得到，随后消失在地球的视野中。哈雷根据对这颗彗星的观测，计算出了其轨道。他发现这颗彗星的轨道与 1607 年开普勒观测到的一颗明亮的彗星的轨道相同。

两颗彗星恰好运行在相同的轨道上是根本不可能的，于是哈雷断定它的轨道是椭圆形的，周期大约是 76 年。如果事实如此，那么这颗彗星应该在过去的 76 年中出现过。

于是他用几个年份减去这段时间从而推算出是否有过这颗彗星的记载，即用 1607 减去 76 是 1531。他发现 1531 年确实出现过一颗彗星，他有理由相信这颗彗星就运行在同一个轨道上。用这一年再往前推大约 76 是 1456 年。1456 年的确出现过彗星，而且在基督教国家引起了恐慌，教皇加里斯都三世（Calixtus III）下令祷告以抵御彗星和与欧洲作战的土耳其人。"教皇诏书抵御彗星"的传说有可能指的就是这件事。

这颗彗星在历史上可能出现的记载也找得到，但是由于缺乏对这颗彗星的准确描述，哈雷不能准确地辨认这颗彗星。不过根据 1456 年、1531 年、1607 年和 1682 年四次详细的记载，有充足的理由预测这颗彗星将在 1758 年再次回归太阳。克莱罗（Clairaut）是当时法国最杰出的数学家，他能够计算出木星和土星的活动对彗星周期产生的影响。他发现二者的活动将推迟这颗彗星的回归，使其至1759年春天才能到达近日点。这颗彗星果然根据预言出现了，并且在那一年3月12日经过近日点。

根据预测，下一次回归将出现在1835年，再下一次是1910年。这一次，在5月初的黎明前，人们在东方的天空上看到了这颗光彩的彗星。到了5月19日，它从太阳和地球中间穿过，两天之后彗尾扫过地球，有人担忧，彗尾会导致生命死亡。事实上，彗尾很稀薄，地球也没有出现异常。7月份，它走得很远了，从望远镜里也看不到它的身影了。它已经走得比海王星的轨道还远了，它要走上30年，在1948年到达远日点，然后在1985年回到近日点，那时它又成为天空中的奇观。根据预测，哈雷彗星再一次返回太阳系要等到2061年。

消失的彗星

1770年6月，法国天文学家勒格泽尔（Lexell）发现了一颗最引人关注的彗星。不久，人们用肉眼就看到了这颗彗星。其运行轨道一经确定便震惊了天文学家，其轨道是椭圆形的，周期只有6年。于是天文学家对其回归进行了充满信心的预测，可是这颗彗星却从未再现过。不过原因迅速就被找到了，这颗彗星6年过后回归之际位于太阳的背面，因此看不到。根据计算，此后这颗彗星继续公转的过程中必然距离木星非常近，在木星强大引力的作用下进入某个新的轨道，于是再未进入望远镜所及的范围内。这也解释了为什么从前没有见过这颗彗星。在勒格泽尔发现这颗彗星3年以前它来自木星附近，木星将它投入与此前不同的轨道上。可以这么说，太阳系的这颗巨行星在1767年时给了这颗彗星一个拉力使它进入太阳附近，并且使它围绕太阳公转两周，1779年与这颗彗星再次相遇时，将这颗彗星猛地推开，便没人知道它的去向了。自那时起，二三十颗已知的周期彗星中大多数只观测到两三次回归。

彗星可以像生物一样发生解体和消亡。比拉彗星（Biela's comet）解体是彗星完全解体中奇特的一例。1772 年首次观测到这颗彗星，但是并不知道它是周期彗星。1805 年再次观测到这颗彗星，天文学家仍然没有注意到其运行的轨道与 1772 年出现的彗星的轨道是一致的。1826 年第三次观测到这颗彗星，这一次用改良的方法测算轨道才确认它和前两次出现的彗星是同一颗。经测定其公转周期为 6.67 年。据此，这颗彗星还应该在 1832 年和 1839 年出现。这两次地球所在的位置都无法观测到彗星。至 1845 年底这颗彗星再次出现，11 月份和 12 月份都能观测到。1846 年 1 月，当它接近地球和太阳时已经分裂成两个不同的部分，起初其中较小的一个非常微弱，不过后来变得和另外一个差不多亮了。

下一次回归是在 1852 年，此时两个部分分开得更远了。1846 年二者之间的距离大约是 20 万英里，1852 年超过 100 万英里。最后一次观测到这颗卫星是在 1852 年 9 月。尽管从那以后这颗彗星应该完成七八圈公转，但是再没人看见这颗彗星。根据前几次回归就能准确地计算出这颗彗星应该出现的位置，根据其不再出现我们推测这颗彗星已经完全解体。我们将在下一节进一步介绍组成彗星的物质。

有两三颗彗星都这样消失了。它们一次或几次公转被观察到，每一次出现都变得更加暗淡更加衰弱，最终完全消失不见。

恩克彗星

有一颗周期彗星以德国天文学家恩克的名字命名，恩克第一个准确地测定了这颗彗星的运动，人们对这颗彗星的观测最频繁而有规律。首次发现这颗彗星是在 1786 年，和通常的情况一样并没有人预先测定出其轨道。1795 年卡罗琳·赫歇尔（Caroline Herschel）小姐再次看到这颗彗星。1805 年和 1818 年再次观测到这颗彗星。直到最后这两次出现，人们才准确地测定其轨道，其周期特征以及与前些年观测到的彗星为同一颗才得到证实。

此时，恩克发现这颗彗星的周期是 3 年零 110 天，根据行星特别是木星的引力略有变化。最近几次回归几乎每次都能在某处观测到。

这颗彗星之所以有名是因为恩克认为它的轨道正在逐渐缩小，可能是太阳周围的物质阻碍了它的运动。许多有才华的数学家在彗星回归时研究这个问题，但它时而出现类似恩克所发现的运动迟缓的迹象，时而又没有，因此这个问题仍然悬而未决。这种计算非常复杂而且有难度，彗星的运动在行星的影响下非常复杂，甚至无法保证结论绝对准确。

木星捕捉彗星

1886~1889 年发生了一件引人关注的事情，在太阳系发现了一颗新的彗星。1889 年，日内瓦的布鲁克斯（Brooks）在纽约观测到了一颗彗星，证实它在轨道上的运行周期只有 7 年。它非常明亮，那么为什么以前从没看见过呢？问题很快有了答案，人们发现这颗彗星曾在 1886 年近距离经过木星，木星的引力改变了这颗彗星的轨迹，使它进入现在运行的轨道。有些周期彗星经过木星时距离非常近，可能也是这样被带进了太阳系。

是否所有的周期彗星都是这种情况呢？答案是否定的，哈雷彗星就没有近距离经过任何行星。恩克彗星也是如此，它经过木星时与木星轨道的距离不足以被木星的引力拉进目前它所在的轨道上。据我们所知，这些彗星一直是太阳系的成员，并非因为行星的作用。

彗星从哪里来

直到最近仍有一种猜想，彗星或许是从恒星之间的广阔空间进入太阳系的。这个观点已经被搁置了，因为没有证据表明彗星的速度能突破极限；它们从比行星轨道更远的地方而来，尽管这个地方远在太阳系之外，但是比到恒星的距离小得多。后面我们将了解到太阳在宇宙空间也处在运动之中。即使我们假定彗星来自太阳系以外遥远的太空，我们刚刚引用的事实仍然表明，它们在太阳系以外时也参与了太阳以及太阳系的运动。

有观点认为，彗星有自己规则的轨道，与行星轨道的不同之处是偏心率巨大，目前这个观点似乎是建立在对问题进行全面研究的基础之上。它们的公转周期一般都在数千年，有时是数万年，甚至几十万年。在这个漫长的周期中，它们飞出太阳系以外相当遥远。如果在它们回归太阳系时恰好近距离经过一颗行星，可能会发生两种情况：一种情况是，彗星受到一个额外的推力获得一个加速度，将它抛到比以前更远的距离上，甚至可能远到它再也回不来了；另一种情况是，彗星速度减慢，轨道缩小，于是便有了这么多周期各异的彗星。综上所述，我们可以认为我们观测到的彗星都是太阳系的成员。还有一种说法，也有一定的可能性，即彗星是很久以前太阳经过宇宙尘埃（暗星云）时得到的。

璀璨的彗星

观测者最感兴趣的是不时出现的最明亮的彗星。就我们目前所知，何时会出现这样一颗彗星完全看运气。19 世纪有五六颗所谓最大的彗星，其中最著名最明亮的一颗出现在 1858 年，以其发现者的名字命名为多纳蒂（Donati），多纳蒂是意大利佛罗伦萨的天文学家。这颗彗星的发现过程反映了这颗彗星所发生的变化。首次观测到这颗彗星是在 6 月 2 日，当时它像微弱的星云一样，在望远镜中看起来就像天空中细小的白云，看不到彗尾，直到 8 月中旬才能略微看出这朵小云彩将发展成什么样子；然后逐渐开始形成小的彗尾，9 月初变得肉眼可以看到了。从那时起，它以令人惊奇的速率增长，每天晚上都越来越大、越来越醒目。它似乎在移动，但是整一个月却没怎么动，每晚都飘浮在西天。10月10日它达到最亮。哈佛天文台的乔治·P.邦德（George P. Bond）一次又一次地仔细将它绘制成图。10月10日之后它迅速消失。它很快向南天移动，到了我们这边的地平线以下，不过南半球的观测者一直跟踪它到1859年3月。19世纪的大彗星如图42所示。

图 42　19 世纪的大彗星：1811 年大彗星（左上）、1858 年的多纳蒂彗星（右上）、
1861 年大彗星（左下）、1882 年大彗星（右下）

　　在这颗彗星脱离视线之前，数学家们开始计算它的轨道。很快发现它不是在标准的抛物线上运行，而是在狭长的椭圆上运行。周期在1900年左右，上下不超过100年。因此，它上一次在公元前1世纪的回归肯定观测得到，但没有记载可供辨认。也许可以期待下一次回归，那将是在38世纪或者39世纪。

　　有一个非常奇特的情况，1843年、1880年和1882年出现的彗星几乎运行在相同的轨道上。其中第一颗是记载中最令人难忘的彗星之一，因为它经过太阳时距离之近几乎要擦到太阳的表面。实际上，它肯定已

158...

经穿过日冕外部。它在 2 月底极其突然地在太阳附近出现，白天也可以看到它。异常巧合的是它出现在一个预言提出后不久，那个预言说世界末日将在 1843 年到来，于是那些受到预言警告的人们把彗星视为即将降临的灾难的预兆。

4 月份彗星消失，所以观测时间相当短，随后其公转周期成为人们关注的焦点。它的轨道与抛物线没有明显差异，然而观测时间太短以至于任何对周期的估算都不那么准确，只能说这颗彗星大概几百年后才会回来。

令人吃惊的是，37 年后在南半球观测到一颗彗星，并且发现它和前者几乎运行在相同的轨道上。它迫近的最初迹象是长长的彗尾露出地平线，在阿根廷、好望角和澳大利亚都看到了这个现象，直到 2 月 4 日才能看到彗头。它扫过太阳然后向南飞去，北半球的观测者未及看到它就消失了。

问题是，这颗彗星与 1843 年出现的彗星是否是同一颗？以前认为间隔很长的周期运行在相同的轨道上一定是同一颗彗星，然而对于当前的情况，认为是同一颗的猜测似乎与观测结果相矛盾。这个问题在 1882 年出现第三颗运行在大致相同的轨道上的彗星时才得到解决。可以肯定这并不是两年多以前出现的那颗彗星的回归，于是便有了一个奇特的现象：3 颗明亮的彗星以不同的周期运行在同一轨道上。或许还不止这 3 颗，因为 1688 年有一颗彗星近距离经过太阳，但是它的轨道与上述 3 颗彗星的轨道略有不同。

在这一组彗星里，还要加入 1668 年和 1887 年出现的两颗。

这些彗星可能来自同一颗大彗星，运行到近日点时受到太阳引力影响，被撕裂成五块。几乎可以确定，其中的一块，也就是大彗星的彗核，在 1882 年 9 月经过近日点，不久后就碎裂成四块。这四块分别相隔了一个世纪，运行周期从 660 年到 960 年不等，再次出现在我们视野中时它们就是 4 颗各不相连的彗星了。

似乎有理由怀疑彗星只是陨星物质的集合，包括不同的物质，大小不一，小到沙粒大到从天而降的陨石。问题是经过多次公转，彗星的这些组成部分如何保持在一起。彗核近距离经过太阳时形状经常发生改变，这种情况似乎说明这个猜想或许接近事实。

彗星的光线经过光谱仪分析，结果表明它不只是反射太阳光。主要特征是三道明亮的条纹，这与碳氢化合物的光谱有着明显的相似之处，这表明彗星内存在发光的气体。

在多数情况下，这些气体并不是由于太阳的温度才发光的。在这里太阳发挥了另一种作用，和它使地球大气层中出现极光的原理相似。

可以肯定的是，构成明亮彗星的物质是不稳定的。用望远镜仔细观察明亮的彗星时，不时可以看见大量的烟雾从彗头朝着太阳的方向缓缓升起，然后扩散开来离开太阳形成彗尾。彗尾和动物的尾巴不一样，不是彗星的组成部分，而是像烟囱里冒出的一道烟。

通常刚发现彗星时完全没有彗尾，当它靠近太阳时才开始形成彗尾。彗星离太阳越近，彗星受到的热量越大，彗尾发展得越快。构成彗尾的物质快速地向后运动，很明显，它被太阳辐射有力地推动着，所以彗尾的方向总是与太阳相背。

第二节 流星体

这本书的读者一定看到过"流火"——像恒星一样的物体,或远或近地掠过天空,然后消失。这些物质在天文学上统称为流星(meteors)。它们亮度不等,不过越亮的就越罕见。一个经常在夜晚外出的人几乎不会在一年里也看不到一颗异常明亮的流星,运气好的话,他在一生当中会有一两次看到一颗照亮整个天空的流星。

一年当中几乎任何一个晴朗的夜晚观测者都可以在一小时里看到三四颗以上的流星。有时候流星多到数不清,例如 8 月 10 日至 15 日之间可以看见比平时更多更明亮的流星。历史上有好几次流星多到使观测者感到惊奇和恐惧,1799 年和 1833 年就出现过这种奇异的情况,特别是在 1833 年,南方的黑人感到非常恐惧,以至对那次现象的记忆一直口口相传至现在。

流星产生的原因

流星产生的原因直到 19 世纪才得以知晓。除了太阳系中已知的天体——行星、卫星、彗星,还有掠过太空围绕太阳公转的数不清的小天体,它们太小了连倍数最高的望远镜也看不见。这些物体中的绝大多数很可能都没有鹅卵石甚至沙粒大,地球在围绕太阳公转的过程中不断遇到它们。与地球的运动在一条直线上的物体速度可能高达每秒几英里,也许是 10 英里、20 英里、30 英里甚至 40 英里。以这样的高速穿越大气层时，这些物体立即产生高温致使它们自身的物质燃烧发出明亮的光芒——无论其多么坚固。我们所看到的便是一颗微粒穿过上层大气的稀薄地带时燃烧的过程。

当然，流星越大越坚固，出现时越亮，历时越长。有时流星太大太过坚固，在燃烧殆尽时离地球只有几英里。这时，人们在它经过的天空就会看见异常明亮的流星。出现这种情况时，在流星经过几分钟后会从其经过的地区传来巨大的爆炸声，好似大炮发射，这是它们高速飞行时压缩空气产生震动引起的。

在极少数情况下，彗星体量太大，到达地球时没有烧完或者气化。这时便会掉下一颗陨石，这种情况一年会在世界各地发生几次。

我们不能说流星是如何产生的，甚至关于这个问题的猜测都是危险的。在它们的表面上发现有熔化的痕迹，这便是它们穿越大气层的自然结果，据此判断其表面被加热至远远超过熔点。

流星雨

当代关于流星问题的最伟大的发现与已经提到的流星雨有关，流星雨发生在一年中的特定季节。最值得关注的流星雨发生在 11 月份，这个月的流星雨中的流星叫作狮子座流星群（leonids），因为它们的视运动路线源自狮子座。研究相关的历史发现，这样的流星雨大约每隔 1/3 个世纪发生一次，已经这样反复发生至少 1 300 年。最早的记述来自阿拉伯：

"599 年，穆哈兰（Moharren）月最后一天，众星四射，互相乱飞似成群的蝗虫；人们惊慌失措向至高无上的神祈祷；如果不是神使降临，为何会有这种天象？愿祈福祉。"

对这种规模的流星雨进行第一次详细的记述是在 1799 年 11 月 2 日。记述者是洪堡（Humboldt），当时他身处安第斯山脉。似乎将其视为非常异常的现象，而没有对其起因进行严谨的科学研究。

下一次流星雨发生在 1833 年，这一次似乎是有史以来最值得关注的。天文学家奥尔贝斯（Olbers）据此提出流星雨的周期为 34 年，并预测下一次可能出现在 1867 年，而实际出现在 1866 年。1866~1867 年的这次观测比以往都更加仔细，并取得了非凡的天文发现，揭示了流星和彗星的关系。要想说明这个问题，我们必须阐明流星雨的辐射点。

在流星雨出现期间，如果在天球上用线标出每一颗流星的轨迹，并把这些线反向延长，会发现所有的线都相交于天空中一点。对于 11 月份的流星，这个点在狮子座；对于 8 月份的流星，这个点在英仙座。这个点叫作流星雨的辐射点。流星移动的路线好似都从这个点发出，但决不要认为可以真的能在这个点上看到流星；它们可以在距这个点 90°以内任一点上出现，然而一旦出现便都从这个点出发。这表明流星穿越地球大气层的时候都在平行线上运动。辐射点就是透视法中所谓的消失点。

彗星和流星的关系

已经知道 11 月份流星雨的周期为 33 年，辐射点的确切位置也已经测定，计算这些流星的轨道便成为可能。1866 年流星雨之后不久勒维耶便这样做了。碰巧 1865 年 12 月出现一颗彗星，在 1866 年 1 月经过近日点。对这颗彗星的运动进行仔细研究后得出它的周期约为 33 年。奥伯尔兹（Oppolzer）计算出这颗彗星的轨道，发表时却没有注意到其与流星的轨道很相似；随后夏帕雷利发现奥伯尔兹计算出的彗星轨道和勒维耶计算出的 11 月流星的轨道几乎完全相同。它们太接近了，可以肯定这两个轨道是同一个，很明显，制造 11 月流星的物体在轨道上追随着彗星。从而可以推断，这些流星原本是彗星的组成部分，又逐渐从彗星上分离。当彗星以上一节中所描述的方式解体时，其中未完全消失的部分以微粒的形式继续围绕太阳公转，因为没有足够的引力维系而逐渐分开，不过它们仍然在几乎相同的轨道上彼此相随。

8 月流星也是如此。这些流星运行的轨道与 1862 年出现的彗星所在的轨道非常接近。这颗彗星的周期没有能够准确测定，推测是在 100~200 年之间。

第三个受到关注的情况发生在 1872 年。我们已经讲过比拉彗星的消失，这颗彗星的轨道几乎与地球的轨道相交于地球 11 月末经过的一点。根据已观测到的这颗彗星的周期，这颗彗星应该于 1872 年 9 月 1 日经过这个点，在地球经过同一点之前 2~3 个月之间。根据其他类似情况可以断定，1872 年 11 月 27 日晚将出现流星雨，辐射点在仙女座。这个预测的每一个细节都应验了，这些流星就是仙女座流星雨（andromedes），这里发生了几次绚丽的流星雨，但是 1899 年以后，只观测到少数流星。

下面讲一些令人失望的情况。1866 年出现的彗星本该在 1898~1900 年间再次出现，然而并没有观测到。或许是遗漏了，不是因为这颗彗星完全解体了，而是因为它经过近日点时离地球太远，无法被观测到。另外，预计 1899~1900 年会有流星雨，却没有流星大量出现。这种情况可能的原因是，这一群流星因为行星的引力作用而偏离了原来的轨迹，这种情况很常见。

普遍认为，无数彗星围绕太阳运转的过程中遗弃了微小的碎片，这些碎片在轨道上就像从队伍里掉队了一样，当地球遭遇一群这样的碎片时便产生了流星雨。不过仍然有一个疑问，是否所有这些流星微粒都是彗星碎片，答案可能是否定的。有时流星的速度超过上一节里讲的抛物线的极限，因此，有些流星可能和太阳系没有关系，而是广袤的恒星间的流浪者。

黄道光

这是一种柔和而微弱的光，在太阳周围，大约蔓延至地球轨道，位于黄道面附近，如图 43 所示。在热带地区，任何晴朗的晚上日落后约一小时之内都可以看到。在我们所处的纬度地区，春季是最佳观测时间，日落后一个半小时左右总能见于西方天空和西南方向上，向上延伸至昂星团。这个季节之所以最适宜观测，是因为黄道光在黄道面上，而此时黄道面与地平面的角度比在其他季节大。秋季可见于黎明之前，从东方升起向南方天空展开。

图 43　黄道光

有一个相关的现象仍然是天文学上的一个谜。天空中正对太阳的地方总有一片微光，术语叫作对日照（coumter glow）。光线之微弱只在最有利的条件下才能看到，当它进入银河便淹没在银河的光辉中，同样，当月球在地平线之上时，它便淹没在月光之中。

对日照在每年 6 月和 12 月经过银河，因而这两个月期间看不见。在 1 月初或者 7 月初也有可能看不见。其他时间当太阳在地平线以下很远，天空非常晴朗而且看不见月亮时才能够看得见。此时它看起来极为微弱，没有清晰的轮廓，观测者扫视太阳正对面可以发现它。

黄道光可能是一群非常微小的物体反射的太阳光，这些物体或许如流星一样持续围绕太阳旋转。我们自然认为这也是对日照的成因，不过有一个疑问，即为什么只能在太阳对面看到对日照。有一个观点指出地球可能像彗星一样有一个尾巴，对日照就是这个尾巴竖起来的样子。这不是没有可能，但是没有证据证明其真实性。

ASTRONOMY
FOR
EVERYBODY

第六章

恒　　　　　星

第一节 星 座

考察完我们所居住的一小片宇宙，下面任想象飞往遥远的太空，那里布满数以千计的恒星。天空中肉眼可见的恒星数量在 5 000~6 000 颗，但是只有半数恒星同时在地平线之上，这半数当中有很多离地平线太近而被远处景物和厚厚的大气遮挡。普通的视力在晴朗无月的夜晚能够很容易看到 1 500~2 000 颗恒星。肉眼可见的恒星叫作亮星（lucid stars），用以区别只有借助望远镜才能看见的恒星。

夜晚，繁星在夜空上闪烁，人们很容易忽略一件事：这些星星到地球的距离并不相同，视觉上它们都来自同样远的地方。我们可以这样想象，有一个大球包裹着地球，星星就缀在大球的内壁。这个大球绕着一个倾斜的轴旋转，带着星星东升西落。对北半球中纬度地区的人来说，北极上空那一圈星星永远不会落下去，南极上空那一圈则永远不会升起来。这个大球每个恒星日自转一周，移动 1° 不到 4 分钟。

我们知道，天上的一切看起来向西运动是因为地球在围绕地轴向东旋转。同时，地球还在绕太阳公转，于是，看上去太阳在星辰间缓慢地往东移动，每天大约移动 1°，一年绕黄道一圈。这些地球自转引起的现象前面已经介绍过。

由于地球向东转动，地球自转产生的恒星日大约比太阳日短 4 分钟。每天晚上星星都比前一晚早 4 分钟出现，在同一个小时里会比之前偏西 1°。四季轮转，所有的星辰依次从天空走过。

星星在天空中分布得并不均匀，它们一团一团地聚集在一起，有些令人过目不忘，例如北斗星，以及飞马座（Pegasus）的正方形。在古代，人们像现代人一样熟悉天上的星团，天空的模样在数千年间变化很小，古人给这些星星的集团命名，于是有了星座。

现在关于星座的知识是古希腊人流传下来的，中间经历过修改和增补，据推测，古希腊人应该是从美索不达米亚地区学来的。早在公元前9世纪，古希腊著名的诗人荷马（Homer）就曾描写过大熊座、猎户座和其他出名的星座。古时的星座约50个，最早的完整描写出现在亚拉图斯（Aratus）创作于公元前270年的"奇迹"中，亚拉图斯是马其顿王的宫廷诗人。星座的名字源于神话传说里的勇士和动物，与人们熟悉的故事息息相关。

到了今天，有88座得到公认的星座，其中18座在南极，北半球看不到。这些星座是为了补充古代星座的空隙而添加的，古希腊人并没法看到南极周围的星座。

天文学家为星座保留了拉丁文的旧称呼，不过，现代星图里不再描画古时那种勇士、动物图像。为了便于使用，星座实际上成了划分星群的区域，边界由人类划定，就像国界似的由各国参与制定。星座的边界需要垂直或平行于天球的赤道，一个区域里的星星属于同一个星座。无论什么时候，如果太阳、行星、月亮运行到某个区域，也可以说它们在某个星座。

月亮、行星、太阳不会离黄道很远，因此，它们时常和黄道上的十二星座在一起。这十二星座分别是：白羊（Aries）、金牛（Taurus）、双子（Gemini）、巨蟹（Cancer）、狮子（Leo）、室女（Virgo）、天秤（Libra）、天蝎（Scorpio）、射手（Sagittarius）、摩羯（Capricornus）、宝瓶（Aquarius）、双鱼（Pisces）。黄道带是环绕天球一圈的带状区域，宽16°，黄道就在其间。将它分成十二区就是黄道十二宫，从春分点开始向东数，十二宫对应着上述十二星座。在2000年前，十二宫正好对应所属的星座。我们前面讲过岁差，正是因为它的存在，黄道十二宫逐渐西移，不再和星座对应了。

在这一节，我们会向读者介绍在北半球中纬度地区可以看到的主要的星座。其中半数以上的星座里有特殊的形状，例如正方形、十字、勺子，我们很容易借助星图和讲解在天上认出它们。每个季节都有自己的晚间星座，从哪个季节开始认识它们区别不大。一般来说，只要开始认识星座就会一直继续下去，直到认识一年间出现的所有星座。旧的星座在西方消失，新的星座从东方出现。

为了便于理解，我们把能看到的天空分为五个区域。先介绍北天星座，它们在北极附近，永远不会落到地平线以下，所以在北半球中纬度地区常年可见。另外四个区域的星座都有不可见时间，并且多数会从天顶南面经过。我们先划出每个季节的 21 时通过子午圈的星座。在星图上，我们只标记比较亮的星星，来避免混乱，也省略了星座的边界。

北天星座

本书的图 2 显示的就是北天星座。图的中心代表天球的北极，星星绕着它逆时针旋转，23 小时 56 分钟环绕一周。想让星图与当下 21 时的天空对应，可以转动图片，让现在的月份位于顶部。

先来看大熊座，它由 7 颗明亮的星组成一把勺子，我们都很熟悉。这一组星星常年可见，不过秋季太靠近地平线时可能看不到。勺子顶部那两颗星叫作指极星，它们的连线指向北极星。北极星接近图的中心，到极点的距离不超过 1°，所以可以作为北天极的可信的标志。

北极星是小熊星座的一颗星，处于勺子柄的尾端，除了勺子边上的两颗星，其他的都很暗。那两颗星被看作极点的护卫，它们一刻不停地绕着极点旋转。

要是看不到指极星，也可以直接面向北方去找北极星，它距离地平线的度数和观测者所处的纬度一致。在北纬 45°，北极星位于天顶和地平线的中点。

在北天极和大熊座相反的方向，到北天极的距离和大熊座相近的地方有仙后座（Cassiopeia）。它有 5 颗明亮的星星，形成 W 或 M 形。和另外两颗比较暗的星星组合在一起，就形成了仙后的宝座。这个宝座有个十分弯曲的椅背，大概得放上靠垫才舒服。

仙后座的前面是仙王座（Cepheus），有人认为它看起来像教堂的尖顶，正冲着极点。仙王座往前是天龙座（Draco），位于北天极和大熊座之间，有个 V 形的头部。构成天龙身躯的星星比较暗，借助星图能够找到，它们环绕着北黄极。北极星到龙头之间，大约 2/3 的地方就是黄极，那里没有明亮的星星，却是天极缓慢地画着圆的圆心，天极的这种圆周运动是地球自转的岁差引起的。

上边就是北天的 5 个大星座，熟悉它们以后，让我们向南看，先选择符合我们所处的季节的星图。就假设我们正在过秋天吧。

秋季星座

图 44 展示的是装点着秋季的南部天空的星座。从垂直方向看，月份的下方是当月 21 时经过子午圈的星座，由上到下，上方代表天顶，下方代表南方地平线。

秋天最容易辨认的是飞马座的大正方形。秋天开始的时候，它的身影出现在东方。到了 11 月 1 日左右的 21 时，它升到了南方天空的最高处。它的大正方形由 4 颗 2 等星组成，每条边约 15°。正方形东北角所指的前方是仙女座星云。肉眼看起来是一道烟雾似的光斑，它是一片明亮的旋涡星系，远在银河之外，后面还会提到。假设飞马座的正方形是个勺子，仙女座明亮的星可以看作勺子的柄。不过柄末端的星星属于另一个星座——英仙座（Perseus）。

英仙座位于银河中，星星排列成一个对着仙后座的箭头。这两个星

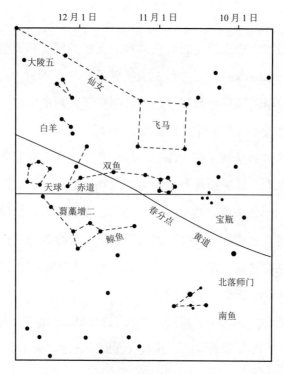

图 44　秋季星座

座之间有一片云似的光斑，用小望远镜就能看出它分为两部分，也就是所说的英仙座双星团。箭头的西侧有 3 颗星排成一排，中间那颗最亮，叫大陵五（Algol），是有代表性的食变星。

在这个区域可以看到三个黄道星座：宝瓶座、双鱼座、白羊座。春分点——黄道和赤道的一个交点——位于飞马座的正方形东边的线延长 1 倍的地方，太阳在 3 月 21 日经过春分点。2000 年前，春分点并不在现在的位置，而在东北方向的白羊座里，白羊座几颗主要的星星组成一个扁扁的三角形。

鲸鱼座是个大星座，位于双鱼座南边。这个星座之所以出名，是因为它包括一颗红色双星——蒭藁增二（Mira）。平常用肉眼几乎看不到这颗星，一年之中只有一两个月的时间能找到它的身影。现在，我们已经了解秋季星座了。它们中只有一颗 1 等星，叫作北落师门（Fomalhaut），位于南鱼座（Piscis Austrinus），10月中旬的21点左右，它会从子午圈经过。

冬季星座

图45展示的是冬季星座，它们是天空中最耀眼的一部分。那些明亮的星在冬天寒冷的长夜里闪耀，发出各色光辉，似乎要为日光短缺的冬季增加一抹亮色。

其中最夺目的是猎户座（Orion）。4颗星星组成一个长方形，从我们的角度看，它正好矗立在南方的天空。上边东角那颗是红色巨星参宿四（Betelgeuse），下边西角那颗是蓝色的参宿七（Rigel）。长方形中间横排着3颗星，就像猎户的腰带，下面还有3颗更暗的星，为猎户添上一

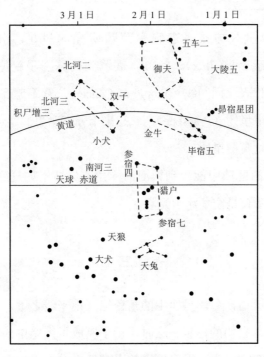

图 45　冬季星座

把佩刀。中间那颗其实不是星星，而是一片漂亮的星云，从望远镜里观测，猎户座的大星云十分壮丽。

沿着猎户的腰带，我们的目光被引向南方的天狼星，它是天空里最亮的恒星，属于大犬座（Canis Major）。在猎户座的东边，有一颗星和天狼星、参宿四组成等边三角形，它叫南河三（Procyon），是 1 等星，属于小犬座（Canis Minor）

猎户座腰带上方，是 V 形的毕宿星团（Hyades），然后是排列紧密的"七姐妹"昴星团（Pleiades）。它们是两个疏散星团的例子，后面我们会再涉及。毕宿星团位于金牛座的牛头上，明亮的红色星星毕宿五（Aldebaran）是牛的眼睛，东边那两颗星星是牛角的尖儿。它俩的上方是御夫座（Auriga），里边有颗黄色的大星星，叫五车二（Capella），是天球的北半球上最亮的 3 颗星之一。

这片区域有金牛座、双子座、巨蟹座三个黄道星座。这一区域的黄道是最北边的一部分。

双子座也呈长方形，东侧有两颗明亮的星星，分别是北河二（Castor）、北河三（Pollux）。1930 年观测到的冥王星就位于这个星座。巨蟹座的名字代表北回归线（Tropic of Cancer），它不怎么明亮，但是有一片像云的鬼宿星团（Praesepe），看起来十分有意思。通过望远镜观测，能看出它是一片疏散星团。

冬季星座的区域中能看到银河的一角，虽然不如夏季的银河闪耀，但也为晴朗的冬夜星空增添了光彩。

春季星座

随着时间流逝，冬季星座中的角色退到地平线之下，一些不太出名的星座登场接替它们的位置。这时，狮子座成了天空中的明星，傍晚时分，它出现在东方天空，很多地区的人都把它看作报告春天即将到来的

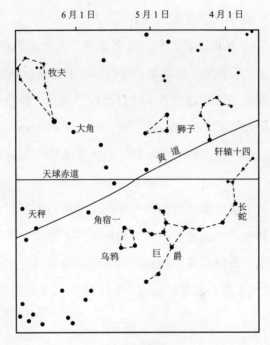

图 46　春季星座

使者；到了 4 月中旬，21 时前后它会高挂在南面的天空。

　　辨认狮子座有一个技巧，它由 7 颗星组成了一把镰刀，最亮的那颗在刀把末端，叫轩辕十四（Regulus），是 1 等星。镰刀的东边有一个直角三角形，其中最东边的那颗叫五帝座一（Denebola），想象力丰富的人把这个星座幻想成一只狮子。

　　从五帝座画一条线，连接大熊座那个勺子柄的末端，这条线会经过两个不怎么出名的星座，一个叫后发座（Coma Berenices），一个叫猎犬座（Canes Venatici）。后发座里有一个星团，包含一些能够被肉眼观测到的星星。能够使用大望远镜的人对这片区域很感兴趣，这里有旋涡星云，还有离我们的星系很远的系统。

　　长蛇座（Hydra）是最长的星座，横陈在春季的南方天空，星星排列成一条不平滑的线，从巨蟹座南侧延伸到天蝎座。靠近长蛇座中部的地方有两个有趣的星座：一个叫巨爵座（Crater），形状像杯子；一个叫乌鸦座（Corvus），是明亮的星星组成的四边形。

让我们再看一下北边的天空。这个季节，大熊座的位置高于北极，而且勺子倒转了。沿着勺子柄的延长线往南，不远就有一颗橙色的星星，非常明亮；继续走，再经过这么一段距离，会看到一颗暗一点的蓝色的星星。前一颗是大角星（Arcturus），属于牧夫座（Bootes）；后一颗是角宿一（Spica），属于室女座。牧夫座的形状像风筝，大角星在系着风筝尾巴的地方。

室女座是黄道星座里比较大的一个，不过里边的星星没有形成让人难忘的形状。角宿一、五帝座一、大角连成一个等边三角形。从角宿一向着轩辕十四画一条线，基本和这个区域的黄道重合。把这段线分成五分，在大约 2/5 的位置，就是秋分点，9 月 23 日那天太阳会从这里经过。

夏季星座

夏季，汇聚最多变、最有趣的天文景象的季节。牧夫座东侧的近邻是北冕座（Corona），很容易认出来。一群星星组成半圆形，缺口向北。

再往东是武仙座（Hercules）的局部，看起来像一只展翅的蝴蝶。这里有一个能够用肉眼观测到的星团，如果通过望远镜观测，所见景象十分壮观。这个由恒星组成的球是北纬地区能观测到的同类天象里最壮观的。武仙座东侧有太阳向点（Solar apex），从全星系的视角来看，整个太阳系都在向这一点移动。

武仙座东边是天琴座，明亮的蓝色织女一（Vega）就在这个星座。再过去一些是北方天空的大十字，中轴线沿着银河的方向，这是天鹅座（Cygnus），天津四（Deneb）是里边最亮的一颗，正好在十字形顶部。银河在这里分叉，成为两道平行的支流。让我们顺流而下，向南方看看。

我们会经过两个小星座，天箭座（Sagitta）和海豚座（Delphinus）。再下去是天鹰座（Aquila），它要大一些，里边最亮的一颗星是河鼓二

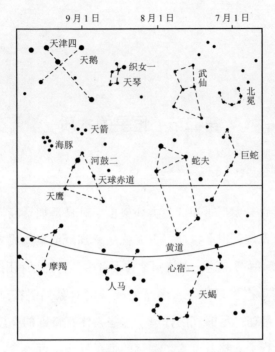

图 47　夏季星座

（Altair），我们应该都听过它的另一个名字——牛郎星，它和两颗比较暗的星排成一排。此前，银河西侧的支流都是明亮的，在这里却黯淡了，出现一段缺口；东侧的支流则更明亮，在人马座这里汇聚许多大星云。人马座是个黄道星座，由 6 颗星组成一个倒着的勺子。

　　人马座西侧是另一个黄道星座——天蝎座，它是夏季最吸引人的星座之一。7 月 21 点左右它会经过子午圈。其中最亮的星是红色的心宿二（Antares），它是已经发现的最大的恒星，直径比太阳大 400 多倍。此时，北冕座接近天顶，天蝎座位于南天下部，它们之间有两个星座，分别是巨蛇座（Serpens）、蛇夫座（Ophiuchus）。

　　辨认那些出名的星座很容易，并且很有趣味。不仅由于这些星座的样子有趣，而且当我们眼中的夜空不再是杂乱无章的星海，而有了我们熟悉的形态时，我们会时常不由得去仰望星空。这时，我们也许会感到吃惊，原来天上正时时刻刻发生那么多有趣的事，自己之前竟然毫无察觉。

第二节　恒星的本质

在历史上的一大半时期，人类仰望星空时只是把星辰当作装点在夜空上的闪亮的光点。很久以前，古人就注意到星星聚集成各种形状，星空能指示时间和时节，这一点特别被古人看中，并加以利用。

自从天文学产生以来，很多个世纪观测对象局限在地球周边的天体——太阳、月球、足够亮的行星。这些天体有特别的亮度，在星辰点缀的天球上运行令人格外注意。遥远的恒星好像永远不变，令人感到不可思议，这使得它们非常适合做标志，从而指示出移动的星星的行踪。古老的星图大约就是这样产生的。

哥白尼提出太阳是它所在的行星系统的中心，处于统治者的地位，这是太阳应得的。此后，人们才逐渐理解太阳同样是恒星，它那么亮是因为距离我们很近。于是，人们逐渐把恒星当作距离很远的太阳，它们巨大、炽热，可能还环绕着很多卫星。

我们研究太阳得知的恒星的特征也适用于其他恒星。恒星是高温气体凝聚成的大球体，由光球、色球、日珥、日冕等构成。恒星不断向外辐射大量能量。但是，即使用肉眼观察也能发现恒星和太阳不完全一样，它们有的是蓝色的，有的是红色的，也有的是和太阳相似的黄色的。

望远镜能帮我们观察恒星的几个明显的特点，但是并不能帮我们更多地认识恒星的本质。没错，望远镜帮助我们观测到很多肉眼无法发现的星星，但就算是最大的望远镜也没法把恒星显示成一个能供我们研究的圆面，直到发明了几种特别的仪器，恒星的一些现象才被观测到。分光仪是最先被应用于研究恒星的特殊设备，并且直到今日依然发挥着效用。

分析星光

应用于天文学研究的分光仪能够分析天体的光。分光仪有一枚或多枚棱镜，有的还有光栅，能够让光分散成色带，也叫光谱，看起来像彩虹。可见光谱的颜色依次是紫、靛、蓝、绿、黄、橙、红，之间有渐变的次序。

拿两架小望远镜对准棱镜，一架放在眼睛观测的地方，接受光线，把这里用到的目镜替换为一道窄缝。把分光仪连接到望远镜上，让这道缝隙处于目镜的焦点上。光从窄缝通过，在第一架小望远镜内通过透镜变成平行的，然后通过棱镜，形成光谱。使用第二架小望远镜进行观测，研究人员常用它进行摄影。把反射望远镜与窄缝相连，能够通过天体的光谱得到某些已知元素的光谱，例如铁、氢等。只有利用窄缝和分光仪才能得到用作比较的光谱，这种方法有个弊端：一次只能得到一颗星的光谱。

要想同时得到多颗星的光谱，可以使用物端棱镜分光仪。把大棱镜加装到望远镜的物镜前边，通过这样的望远镜，能拍摄到观测区域里星星们的光谱，一段光谱就代表一颗星。

夫琅禾费（Joseph von Fraunhofer）拉开了分析天体光谱的大幕，他也是制造大型望远镜的先行者。1814 年，夫琅禾费利用自制的分光仪研究日光，发现光谱上有很多细细的暗线。于是他为它们命名，拿字母标记从红到紫的光谱上的暗线，这个系统沿用至今。黄色区域有两条相邻的暗线，叫作 D 线。

1823 年，夫琅禾费开始研究恒星光谱，他是此领域的第一人。他发现恒星光谱上页存在许多暗线，越红的星星暗线越复杂。后来物理学家基尔霍夫（Kirchhoff）提出一条著名的定律，来阐释这些暗线是什么。这条定律得出的结论大致如下：

通常来说，发光气体的光谱呈现为黑色背景上五颜六色的线条纹样，由于气体成分不同，纹样也各不相同。无线电台可以使用不同波长进行播音，并被接收到，同理，通过光的波长能区分出发光气体所含的不同的化学元素。

可发光的固体、液体、气体，在特定的条件下能够发出各色的光，形成连续的光谱，看起来所发出的就是白光。如果在观测者和光源之间存在低温气体，白光中和低温气体波长相同的部分就会被吸收掉。如此一来，所呈现的光谱就出现了暗线，这些暗线能够反映出干扰光谱的气体是什么成分。恒星的光谱带有暗线，意味着某些特定的波长被吸收了，这一变化发生在恒星光球发出的光穿过恒星大气层时。

恒星光谱的纹样

哈佛天文台和其位于秘鲁的阿雷基帕分所（后移到非洲南部的麻塞尔波尔）摄影研究恒星光谱的工作已经持续了近一个世纪。这项研究需要使用物端棱镜，成千上万张全部天空区域的照片都被仔细保存下来并谨慎研究。这项精细、辛劳的工作得到丰厚的研究成果，发现了超过 35 万颗恒星的光谱。通过 H.D. 星表（The Henry Draper Catalogue）可以知道其中每一颗星星的亮度和谱型（Spectral Class）。我们来说说什么是谱型。

所有被研究过的恒星光谱，绝大多数的线的纹样都能够归纳成某种相连的序列。某颗尚未研究的恒星的光谱，几乎一定能在这个序列里找到对应的片段。这些纹样被平均地分隔开，使用任意字母 B、A、F、G、K、M 表示，它们相隔的部分都被分成十部分。举例来说，如果我们发现一颗恒星的光谱的纹样位于我们制定的标准的 B、A 中间，它的谱型就是 B5。哈佛天文台最先提出这种表示光谱的方法，叫作德拉伯分类法（Draper classification）。

如果恒星光谱中氢线地位突出，就是 B 型光谱。人们研究太阳光球时首次发现了氦气，因为从光谱里看到了未曾见过的线，后来氦气被用来充填飞船气球。猎户座腰带上那 3 颗星中间的一颗就是典型的氦星。

天狼星和织女星的光谱里有明显的氢线，属于 A 型光谱。氢元素最轻，在各型光谱里都能见到它的身影。A 型的恒星是蓝色的，光谱为从蓝到红依次排列的线条。

北极星和南极老人星（Canopus）是 F 型星，呈黄色。它们的光谱中氢的痕迹少，钙、铁等金属的线条很多。

太阳是 G 型星的代表。太阳是黄色的，光谱中有上千条金属线。大角星的光谱里金属线更明显，它是 K 型星。这个类型最末端的星和 M 型中的红星，比如猎户座的参宿四和天蝎座的心宿二，光谱中都能见到宽带褶纹和很多暗线。

上边介绍的是光谱序列里的主要部分。另外还有四种公认的型，不过这几种星星加起来也不到星星总数的 1/100。以前，人们认为这个序列上的蓝色星到红色星的过程代表了恒星的生命历程：蓝色星处于幼年，太阳这类黄色星处于中年，红色星一定会越发地红，越发地暗，最后湮灭。有一种新的学说认为一部分红色星才代表恒星的幼年时期，恒星逐渐老去就会变黄、变蓝，最后又变成红色，真正到达老年。另外还有一些别的关于恒星演化的学说。

恒星的温度

如果一块金属热得发蓝了，那么温度一定比它热得发红时高，因此，我们可以推断蓝色星的温度比红色星的更高。不少研究为这一推断提供了佐证：光谱的次序代表着温度降低的顺序。关于恒星光谱的实验证明了这个推论，并得出了各类光谱类型的星的温度。另外，近些年已经能够测出恒星发出的热量了。

在介绍太阳的部分，我们提到一种方法，把一些水放在阳光下，利用水温升高的数值进行计算。这种方法十分粗略，不适合计算恒星的温度。帕第特（Pettit）和尼科尔森想出了一个新办法。威尔逊山有一架口径100英寸的望远镜，他们利用这架望远镜让一颗恒星的光聚焦在很小的电热偶（thermocouple）上，通过观察电流计（galvanometer）的转动情况测算恒星的热能。使用这种方法，即使亮度是比肉眼可见的几百分之一的星，也能被测出热量，从而算出温度。他们还利用这种方法测过行星和月球表面的温度。

蓝色星表面的温度约10 000℃到20 000℃，也可能更高。黄色星表面约6 000℃，最红的星表面约2 000℃。不过，就算是最凉的恒星温度也是很高的。

在光球下面，深度越深温度越高，恒星的中心可能高达千百万摄氏度。恒星内部到底如何，很长时间以来专家们意见不一。恒星发光的能量来自哪里，源源不断的星光去了哪里，都是有趣而引人探索的问题。

巨星和白矮星

恒星发光的能力，也就是它的实际亮度（光度luminosity）差距悬殊。设想一下，我们把恒星和太阳以相等的间距排成一行，会发现有些星的亮度只有太阳的万分之一，有的则比太阳明亮上万倍。事实上，天文学家只观测恒星在特定的标准距离上该有的亮度。如何测定距离将在后面介绍。

拿出一张方格纸，用一个点表示一颗位于某地的已知发光能力和

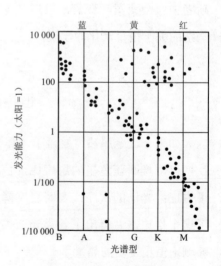

图48　光谱——发光能力图解

谱型的星，图 48 就是一张表示光谱光度的简图。垂直的线表示不同的光谱类型，水平的线表示不同的实际亮度，把太阳的亮度作为单位，从下往上数值逐渐升高。位于中心的点代表太阳，是 GO 型。代表着包括太阳在内的大多数恒星的点沿着一条从左上到右下的线分布，这就是主星序（main sequence）。沿着这条线往右，星的温度越来越低，也越发红和暗。

主星序上有两群点，代表平均发光能力为太阳百倍的巨星（giant stars）和比太阳亮几千倍的超巨星（supergaints）。我们先来研究某个特定型的星，比如红色 M 型星。如果它们颜色一样，表面温度也一样，那么每平方米的表面亮度也肯定一样。同是这一型的星，这一颗和那一颗表面一平方米区域的亮度是相等的。巨星和超巨星与同型的主序星相比，要亮若干倍，这意味着它们的表面要大若干倍，它们之所以更亮是因为它们更大。

图上左下角有一些点，代表白矮星（white dwarf stars）。天狼星暗淡的伴星就是出名的白矮星。它们的亮度是普通白色暗星的几千分之一，因此它们的体积也是普通白色暗星的几千分之一。白矮星并不比主序星里的红色星暗多少，但是更小，事实上，白色星每平方米的亮度比红色星同样面积的更亮。

恒星的大小

大家已经了解称量行星的方法，称量恒星的方法类似，也要利用它们施加给相邻天体的引力。我们介绍过，想给一颗孤独的没有卫星的行星称重很难。如果有卫星，称量难度就大大降低了。要给一颗孤独的恒星称重难度就更大了。隔在恒星间的空间太大，导致一颗恒星作用于另一颗恒星的引力很难被观察到。

幸好，在探索称量方法时，望远镜观测到几千对星，即双星，它们中很多是相互绕转的。分光仪又帮人们发现很多距离更近的双星。在特定的距离上，公转周期越短，两颗星合并的质量就越大。因此，只要测出平均的相距距离和公转周期，就很容易算出合并的质量。有时候还可以计算出双星中某颗星单独的质量。

通过研究双星得到一个令人惊讶的结论：恒星的质量很均衡，大概为太阳质量的 1/5 到 5 倍。这些构建宇宙的"砖块"很均匀，太阳刚好也是其中一颗中等的星。和某些人试图让大家相信的不同，太阳绝对不是二流甚至更差的星。我们可以为此感到一些合情合理的骄傲。

在查看图 48 时，我们已经了解到一些和恒星大小有关的信息。能够看出在主序星中，和太阳相比，较蓝的星更大，较红的星更小，白矮星非常小，巨星很大，红色超巨星比所有星都大。根据从图上得出的信息进行计算，也能得出以上结论，并且能算出比较准确的单颗星的直径。要想测量一颗恒星有多大，使用测量月亮或行星的直径的方法是行不通的；就算用最大的望远镜进行观测，也看不到恒星的圆面。知道了这个情况，我们不得不佩服天文学家的智慧，他们竟然从被叫作星星的小亮点上找出了那么多信息。

1920 年，威尔逊山开始使用迈克尔逊（Michelson）式干涉仪来测量恒星的直径。先把它和口径 100 英寸的反射望远镜连接，然后再分开，整个步骤有些烦琐。但是，用干涉仪测量出的一些恒星的直径令人满意，这就够了。恒星心宿二已经被测量过，得出它的直径是 4 亿英里。第一颗被测量的恒星是参宿四，大约是心宿二的一半大。这些红巨星都拥有令人吃惊的庞大体积。

我们已经知道，恒星的质量比较平均，但是它们的体积相差却很大，因此，恒星的密度肯定也相差很多。红巨星上的物质很稀薄，以心宿二为例，它的密度只有地球上空气密度的 1/3 000。

白矮星是另一个极端，它们十分紧密，以前人们认为不可能有那么大的密度。从大小来看，它们更像行星。在质量上，它们却能和太阳一较高下。天狼星的伴星的平均密度大概是水的 3 万倍。有人推测，在那种密度下，这颗星内部的原子已经在极高的温度中粉碎了，所以它内部应该有地球上不存在的紧密的物质。

即便有难以否定的证据，但并不是所有的天文学家和物理学家都赞同这种观点。当然，如果没有确切的证据，人们也可以不信天狼星的伴星有高达水的 3 万倍的密度，这么大的密度意味着这颗星上一个普通的玻璃杯就重达七八吨。按照相对性原理，密度很大的恒星在光谱中的线偏向红色，威尔逊山与里克天文台都观测到了天狼星光谱的这种偏向。

变　星

大部分恒星的光芒是稳定不变的。想起这些巨大的能量都从恒星的光球内发散出来，人们不能不感到惊讶，恒星内的反应竟然一秒又一秒、一个世纪又一个世纪持续不断，稳定地供给光球能量。不过也有不少恒星辐射的能量不稳定，我们把它们叫作变星。还有一类由于食而产生光线变化的星，我们后面再介绍。

蒭藁增二位于鲸鱼座，是第一颗被认定为变星的星，早在 1596 年人们就得出了这个结论。通过望远镜观测，有时它是 9 等星，有时会明亮上百倍，肉眼看起来也很明亮。这个变化周期大约为 11 个月。蒭藁增二是有代表性的长周期变星（long period variables），这一类星还有很多，它们都属于红巨星或超巨星。还有很多红巨星，例如参宿四，光的变化不大并且没有规律，有些星群的光的变化却有一些能够预测。

目前引起最广泛讨论的是造父变星（cepheid variable stars），它们具有很高的价值，我们会在后面展开讲述。这个名称来自仙王座 δ 星（Delta Cephei），它是关于这种变光的最早的证据之一，典型的造父变星是黄色的超巨星。无论是周期还是形式，造父变星的变光普遍很有规律，它们的周期多在一周左右，最亮的时候比最暗的时候要蓝—全谱型。

有半数造父变星的变化不像上边讲的那么标准。它们与恒星有很多相同点，也有很多明显的区别。它们常常穿现在大球状星团中，被称为星团造父变星。它们都是蓝色星，变化周期大约为半天，肉眼是没法看到它们的。

一般认为造父变星（也许所有真正的变星都包括在内）光芒变化是它们的脉冲引起的。简单地说（大概过于简单），变星在有规律地涨缩。它们内部热量增多，就更亮更蓝，于是胀大，接着变冷，又变暗变红。这个变化过程超过一定界限，整颗星变得过冷，不得不再次变化，开始收缩。这种脉冲开始以后，会持续一段时间。这个简单的假设存在一个暂时不能解决的问题：事实上，造父变星最明亮的时候不是它最紧密的时候，而是此后变化周期进行到 1/4 的时候，那个时候它已经向外膨胀很多了。很明显，恒星光的变化和恒星的本质存在密切的关系。

新　星

所有的星辰、所有天界现象中，最夺目的就是新星。虽然被叫作新星（novae），但它们并不是新诞生的，其实是一些看上去和大部分恒星一样暗淡的星，但由于某些我们尚未发现的原因，它们突然爆开了。只要短短几个小时，它们便从难以看到的程度变得明亮许多倍，在短暂的最明亮的时候，它们的光芒甚至可以和最亮的恒星媲美，更有极少的情况，能够赶上最亮的行星。之后，它们会慢慢沉到黑暗中去。

1572 年仙后座出现了最漂亮的新星。人们通常叫它第谷星（Tycho's star），因为第谷·布拉赫（Tycho Brahe）这位有名的天文学家是它的第一个观测者（但并不是第一个发现者）。这颗星突然就明亮到可以媲美金星，接着暗下去，过了大约 6 个月消失了。蛇夫座有过一颗比木星还亮的新星，叫开普勒星（Kepler's star）。1604 年它在天上出现，有一年半的时间都能被肉眼看到，但那时候没有望远镜能让人们继续观测。

20 世纪初期出现了 4 颗明亮的新星。1901 年英仙座出现了一颗新星，比五车二还亮一些。1918年天鹰座出现新星，是300多年间最明亮的一颗，比天狼星以外所有的恒星都量。两三天之中，它的亮度增加了约5万倍。1920年天鹅座的新星亮度和天津四差不多，刚好位于大十字（天鹅座）的顶上。1925年绘架座新星（Nova pictoris）最明亮的时候可达一等。

以上介绍的是突然现身的明亮的新星。还有很多新星即使在最亮的时期也无法被肉眼发现，有一些能通过摄影记录下来，但是还有更多从明亮到暗淡都不为人所知。有观点认为，每年都有20颗以上能够被小型望远镜观测到的新星在环绕我们的恒星当中现身，另外还有数不清的新星出现在银河系之外。

总的来说，新星不算罕见，每一颗生命周期漫长的恒星都会有炸裂的那一刻。想象一下也许未来某天太阳也会这样炸裂，这就更让人注意了，这样重大的事件绝对是地球生命的大灾难。人们难免感到好奇：平时稳定的恒星为什么会出现这样惊人的变化？望远镜、分光仪、照片，种种手段可以帮助天文学家获得很多相关资料。这种突变发生的原因还在探索的路上。

目前，我们把已知的恒星的特征都梳理了一遍，让我们回顾一下本章标题里的问题，并简单地给出答案。恒星是什么？诗人写下的"星星，星星，眨眼睛，我真好奇，你是什么？"只停留在好奇的阶段。天文学家也很好奇，并且付出努力去弄懂其中的原因。当然，这就是天文学家的责任，他们进行探索的时间并不长，但是取得的成绩有目共睹。

恒星相当于宇宙的能量仓，是大自然构筑复杂的巨型工程的砖石。恒星是温度很高的气态的球体，不同的恒星所含有的气体量差别不大。但是恒星的体积相差巨大，按照直径排列，有直径几亿英里的红色超巨星，也有直径几万英里的白矮星。红色超巨星密度是空气的几千分之一，白矮星的密度比水大几万倍。恒星中心的密度很大，温度也很高。有的恒星亮度会变化，令人联想到脉动；有的恒星会炸裂。以上便是关于恒星的介绍。

第三节　恒星的距离

　　测量天空距离的原理在本书《如何丈量天空》一节中已经讲过。对于到月亮的距离和较近的行星的距离，我们用地球的半径或者地球表面上两个观测点的连线作为测量基线，但是这对于测量非常遥远的距离，即便是最近的恒星的距离也着实太短了。为此，我们把地球轨道全直径作为基线。随着地球从轨道的一边移动到另一边，恒星一定看起来向反方向略微移动，但是这个运动几乎小到无法测量。要想得出足够准确的测量结果只能对恒星进行比较，方法如下：

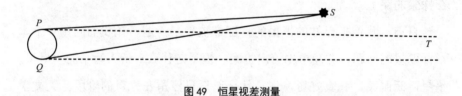

图 49　恒星视差测量

　　图 49 中左侧小圆圈代表地球的轨道，S 代表恒星，假设它与我们距离很近，我们想测量与它之间的距离。几乎彼此平行的虚线表示距离在几倍开外的恒星 T 的方向。当地球在其轨道的一边，即 P 点，我们测量那个很小的角 SPT，在我们看来是这个角把两颗恒星分开的。当地球移动到对面时，显而易见相应的角 SQT 大一些，我们再测量这个角。两个角的差是角 PSQ，除以 2，得到的就是那颗星的视差。其实，这只是相对视差，因为那颗遥远的恒星也会稍微移动。如果把这点的移动也测量出来，加入计算，得到的就是绝对视差。

事实上，用两次观测定下一颗星的方位是远远不够的。恒星看起来似乎永远不动，其实在迅速运动，一刻不停地改变位置。如果用望远镜观察比较近的恒星，就能看出明显的自行（proper motion）运动。在这个前提下，我们很难判断间隔6个月的两次观测得到的结果有多少出于那颗星的自行，多少出于地球改变位置产生的视差。为了进行区分，需要进行两三年观测。

现代人用摄影法测定视差：用一架长望远镜对准要观测的恒星所在的区域，把底片放在望远镜的焦点处进行曝光；6个月以后，用新的底片拍摄同一块区域。可以根据其他更远更暗的星来测定这颗星的位置，那些更远的星被称为比较星。这种工作十分精细，最近的恒星的移差仅有1.5弧秒，这相当于测量2英里之外直径1英寸的物体所得的对角。大部分用这种方法测出的恒星的视差都更小。

测算出视差的数值以后，很容易就能算出这颗恒星的距离，接下来要选择用什么方式表示这个数字。用206 265除以视差就得到这个距离的天文单位数（即日地的平均距离）。长期被认为是最近的恒星的半人马座 α 星的视差为0.76弧秒。可以得出，它比太阳远27万倍，相当于25亿英里。这个数值过于巨大，使用起来不方便，天文学家会用另一种单位——光年或秒差距（parsec）。

秒差距即视差为1弧秒的距离。事实上并没有离得这么近的恒星。用1除以视差，得到的就是秒差距的数值。这样一来，我们可以算出半人马座 α 星的距离是1.3秒差距。

光年指的是光行走一年经过的路程。光1秒能走186 284英里，一年约有3160万秒，相乘即大约6万亿英里。1秒差距约3.25光年，因此半人马座 α 星的距离约为4.3光年。

离我们最近的是比邻星（proxima），距离太阳4.17光年，比半人马座 α 星近了3%。它是一颗10等星，从望远镜中能观测到，在天空中，它离半人马座 α 星大约2°，也许和那颗明亮的星存在物理联系。巧合的是，在对着我们的这一边，按照远近排序的星表中的第三、第四、第五颗星都要用望远镜才能观测到。要不是事先知道恒星的亮度相差很大，这个事实将令人吃惊——离我们最近的 5 颗星里，4 颗都不能用肉眼看到。

天空中最亮的天狼星排在表上的第六位，它距离我们 8.8 光年。天狼星这么亮，离我们近是原因之一，另外它的亮度本来就强，是太阳的 26 倍。还有 4 颗明亮的恒星距离小于 30 光年，从远到近分别是南河三、河鼓二、织女一、北落师门。

在测量附近的恒星的距离时，直接视差法很有效、很有价值。人们用这种方法测算出大约 2 000 颗恒星的距离。随着距离增加，这个方法的精确度会降低，远到 200 光年外，从地球轨道两侧看到的恒星方向的改变就太小了，小到难以通过现有的望远镜观测出来。这意味着我们选的这条基线太短了，如果有可能，我们得找一条更长的。有一个有趣的情况，如果天文学家在冥王星上（它的轨道比地球的宽 40 倍），就能用直接视差法测量 8 000 光年的距离。但是，即便是这么遥远的距离，在众多天体所在的空间里也算咫尺之间。

太阳的运动

为了观察更遥远的恒星的变动，我们需要找一条更长的基线，这就引出一个问题：地球会把我们带到环太阳区域之外的地方吗？想必大家心里都有答案。但是大家不一定理解为什么更长的基线不能直接拿来测量距离。

300 多年前，天文学家发现恒星不是固定的，而是运动的。这一事实最终由哈雷揭晓，那是 1718 年，这位由于著名的彗星而声名远播的天文学家发现一种情况：托勒密制订恒星表后的 1 500 年间，有几颗亮星移动了位置，移动的距离和月球的直径相近。这意味着恒星在运动，太阳也是一颗恒星，那么对周围的恒星来说，太阳肯定也在运动。

1783 年，威廉·赫歇尔首次测定太阳的运动方向。他做出推测，如果太阳（连带整个行星系统）沿着直线在空间里运行，那么视觉上恒星会向相反的方向运动。这种视差动（parallactic motion）与恒星的本动（peculiar motion）混在一起。但是，大致来说，我们眼前的星星应该从我们运动方向所在的点四散而去，我们后面的星星应该向反向的点上聚集。前面这个点叫太阳向点，赫歇尔把它放置在武仙座中，靠近天琴座的织女一。此后相关研究也把这个点放在那里。

恒星的视向后运动只能显示出太阳在向哪里运动，但不能表明运动的速度。这个问题需要借助分光仪来解决。我们知道，恒星的光谱像一条彩带，有暗线穿插其中。多普勒（Doppler）发表了一个原理，斐索（Fizeau）进行了修正，这个原理告诉我们光谱线可以体现恒星怎样在视线中运动。如果恒星在靠近，光谱线会移向紫色那端；如果恒星在远离，光谱线会移向红色那端。这种移动随恒星速率增大而增加。

很显然，太阳运动而去的那块空域上的星星都在以最大速度靠过来，反方向空域的星星在以最大速度远离。里克天文台的天文学家花费 30 年研究整个空域上的恒星的光谱，得出一些关于太阳的运动和测量它的运动速度的知识。

站在我们周围的恒星的视角上，太阳系在向着靠近武仙座 O 点的位置移动，速率为每秒 12.3 英里。从恒星角度看，地球在螺旋线里运动，一边绕着太阳公转，一边随着太阳向前运动。

在跟随太阳运动的过程中，地球带着我们走了相当于它轨道长度的 2 倍的距离。恒星向后移动的量比它们因地球绕日公转移动的量多 1 倍，一个世纪就大了 200 倍。看起来，由于太阳靠近武仙座而产生的基线能够满足我们测量恒星的距离的需求。视差运动根据恒星距离而定，通过视差的总量能得到距离的大小。但是很不幸，我们没办法区分观测到的移动多少是视差运动，多少是恒星自己的移动，所以不能用这个办法测量恒星的距离。总之，这个办法不能用于测量单颗星。

恒星的绝对星等

就像我们观测到的那样，恒星的亮度差别很大。我们假设恒星亮度相同，也就是说在距离相等的地方一样亮，那么考察天界的距离就简单多了。让我们在这个假设下来看两颗视亮度不同的星。暗的那颗星一定是距离远的，一个光点测得的亮度和距离的平方是反比关系，于是我们很容易算出暗的星比亮的星远多少。可是正如上文所说，恒星的亮度各不相同，因此，让我们修改一下问题：能不能找个办法测量一颗未知距离的恒星的绝对星等？如果有这样的方法，我们可以根据绝对亮度和观测亮度的差异，很容易地算出它的距离。有一些新发现提供了找到这个办法的可能性。让我们先来认识一下视星等（apparent magnitude）和绝对星等（absolute magnitude）。

大约 2000 年前，古时的天文学家把肉眼能看到的星按照亮度分成 6 等。1 等星约 20 颗；显眼但算不上最亮的为 2 等星（包括北斗七星的其中 6 颗）；以此类推直到 6 等星，也就是肉眼刚刚能看到的星星。这就是视星等，是根据观测到的亮度来划分的。

人们发明望远镜以后，星等就延伸到望远镜能观测到的最暗的星。21 等的暗星可以被口径 100 英寸的望远镜观测到。等级划分的依据也更精确了，相邻的两等相差 2.512 倍，也就是说 1 等星的亮度是 2 等星的 2 倍半。这样一来，那几颗特别明亮的星需要重新定等级，织女一成了 0 等星，整个空域最亮的天狼星是 −1.6 等星。太阳的视星等达到 −26.7 等星。

上边介绍的是肉眼直接看到或借助望远镜看到的目视星等。如果两颗星的目视星等一样，但颜色不同，那么在照片上红色的那颗星显得更暗。照片上的星等和目视星等不一致，特别是对红色的星来说。另外由于使用的工具不同，还有别的星等类型。

一颗星在 10 秒差距的位置视差为 0.1 弧秒，它在此处表现出的星等叫作绝对星等。按照这个标准，心宿二的绝对星等为 -0.4，天狼星为 +1.3，太阳为 +4.8。如果把它们放在标准的 10 秒差距区域，心宿二的亮度和金星最亮的时候相当，天狼星相当于 1 等星，太阳变成了暗星。

通过简单的计算可以得出这样的结果：把太阳放到超过 20 秒差距的位置，也就是 1 等星毕宿五所在的地方，肉眼就看不到它了。如果把太阳推得更远，到 6 300 秒差距或者 2 万光年之外（这个距离略多于到武仙座球状星团的距离的一半），那么就算用最大的望远镜也没法看到。

有些天体过于遥远，已经出了直接视差的范围，要测出它们的距离，现在使用的方法是测定它的绝对星等。有一些方法能给未知距离的星定星等，我们介绍两种：一种是借助恒星光谱，一种是通过观测造父变星。

分光仪量出的距离

日常我们不把分光仪当测距的工具来用，它首先是一种分析光谱的器材。但是，1914 年，来自威尔逊山天文台的研究者发现了一个新办法，通过光谱里的某些纹路能测定恒星的绝对星等。接着，威尔逊山天文台和一些其他天文台算出了几千颗星的分光视差（spectroscopic parallaxes）。

前面讲到光谱序的时候介绍过，从蓝星到红星的顺序是根据逐渐降低的表面温度产生的。我们知道，铁的沸点高于水的沸点，同样的道理，恒星大气里各种不同的元素吸收特殊光谱线的最佳温度也不同。拥有同种谱型的恒星表面温度也接近，所以在光谱中表现出类似的线条纹样。

我们还要了解一个关键要素——压力。在压力降低时水的沸点也会降低，同理，压力小了，温度低了，一些化学元素仍能表示出自己的光谱线。值得一提的是，参照图 48，有些谱型（比如 MO）的星表面的压力会随着位置上升（趋向更大的星）而降低。于是，若要维持原来的谱型，温度也得随之降低。这样一来，少见的红巨星就比主星序里的红色星温度低。

温度与压力引起的变化对不同的元素产生的影响不同：有时呈现的纹样差别不大，有时某些线逐渐增强，某些线逐渐减弱。上面提到的方法根据的就是这种关系。研究一颗恒星的光谱，看看那些敏感的线强度如何，可以得出它的绝对星等，接着就能得出它的距离了。

造父变星的距离

大家已经知道，造父变星是有规律的变光星，变光周期短的为几个小时，长的为几个星期。造父变星可分为两类：星团造父变星的周期约为半天，这一类是蓝色星；标准的造父变星周期多在一星期左右，这一类是黄色超巨星。这两类造父变星亮度变化都有一星等左右，颜色也会跟随亮度变化。人们都认为它们是脉冲星，不过我们接下来要探讨的它们的价值和引起它们变光的原因无关。由于造父变星的变光周期和星等存在关系，所以在探索宇宙方面具有重要作用。

1912 年，勒维特（Leavitt）女士首先注意到这种关系。她来自哈佛天文台，在研究小麦哲伦星云里的造父变星时，发现变光周期会跟随视星等改变。相较于这片星云到我们的距离，星云中的星之间的距离小得多，因此，它们的视星等具有的关系，绝对星等也应该具有。几年以后，夏普利（Shapley）对这种关系做了更详细的研究。他绘出了一条周期随平均绝对星等变化的曲线。平均星等指的是某颗星最亮和最暗的星等的均值。

如果一颗星的变光周期是半天，那么它的平均绝对照相星等就是 0；如果周期是 1 天，平均绝对照相星等变为 -0.3；周期是 10 天，平均绝

对照相星等为 −1.9 ；周期是 100 天，平均绝对照相星等是 −4.6。这几个例子便取自这条曲线。无论距离多么遥远，这条曲线都能够用于各个区域的造父变星。使用方法也很简单：按照我们说过的变光特征找到一颗造父变星，每晚观测，记录下它的变化周期；在画出来的曲线上找出绝对星等，通过观测确定平均视星等。根据这两个已知情况就可以算出距离。

使用这个方法，第一步是找出造父变星。但是这种星很少见，百万颗星里可能只有一颗是符合那条曲线的标准造父变星。幸运的是，黄色造父变星是超巨星，属于绝对星等最亮的一类。我们能从很远的地方看到它们，即使相隔百万光年也能看见。它们散落在银河系各处，位于边界处的球状星团里，银河系以外的星系也有。无论找到的造父变星处于哪里，它的距离都可以测定，继而它所在的群体的距离也可以确定。

位于球状星团里的造父变星也有助于测量距离。它们的周期很短，一对比，夏普利的曲线就好比绝对星等为零处的水平线。这是这类变星共有的值，使得测量它们的距离更简单。借助造父变星和其他得出绝对星等的办法，如今天文学家能研究周围的恒星系统，甚至探索更远的其他星系，这些研究的精密程度在过去的人看来是不可想象的。

第四节　恒星系统

在为漫长的旅途选择伴侣时，恒星和人类相似。有些恒星独自沿着直线前进，速率不变，不受别人影响。有的恒星成对出现，一起旅行，有的肩并着肩，有的不知疲倦地互相绕着跳舞，它们叫作双星。还有些会组成一个小团体，叫作聚星。还有一些组成一个大团体，叫作星团。无论独自一人还是成群结队，它们都属于星辰世界的各大区域，即星云或星系。群居是天体的一个明显特点。让我们来认识一下恒星聚合成的各种系统。

目视双星

北斗柄中间那颗叫开阳（Mizar），是有名的双星，用很小的望远镜就能看出它是两颗亮度不同的星。1650 年就有关于这一情况的记载。后来又发现一些肉眼看上去是一颗、望远镜观测是两颗的星。但是那时没有人知道这意味着什么，也没有人过多关注它们。确实，我们可以认为，天上那么多星星里肯定有距离很远但方向十分接近的，所以它们会被看成一颗。可是稍微计算一下，发现这类光学双星（Optical binary）比已发现的双星少很多。看起来，它们应该是真正联系在一起的。一对星之间的角度越小，两星存在物理联系的可能性就越大。通过望远镜发现的这种双星叫目视双星（Visual binary）。

目视双星大多并肩同行，还没发现有互相环绕的。其他很多星都存在旋绕系统，这一点和太阳与地球一样，但它们的距离和运转周期都更大。小马座 δ 星的周期不到 6 年，它正是因这个短暂的周期而出名，它的两颗星的距离甚至小于木星到太阳的距离。半人马座 α 星也是旋绕系统的例子，周期大约为 80 年，两星的平均距离比天王星与太阳的距离大一些。此外还有北河二，两颗星相绕的周期大约为 300 年，平均距离大概是冥王星与太阳的距离的 2 倍。事实上，北河二是首个被发现具有旋绕系统的双星。1803 年，威廉·赫歇尔发现了两颗星之间的线，根据距他约百年的布拉德利（Bradley）的记录，两颗星确实改变过方向。这个发现很重要，在此之前，包括赫歇尔在内的天文学家都以为望远镜观测到的双星只是视双星，这个发现才让大家意识到它们至少有一部分是有联系的物理系统。寻找和研究目视双星的工作从此拉开帷幕，并一直持续，观测区域延伸到南天极——早期的观测者大多数没有机会观测那里。

艾特肯（Aitken）是公认的研究目视双星的权威，他来自里克天文台。他把望远镜能观测到的亮度大于九等的星都研究了一遍，这项工作到 1915 年才完成，共发现 4 300 颗目视双星，其中半数时间都是他一个人在努力。到了 1932 年，艾特肯已经发现 17 000 多颗距北极 120° 之内的目视双星，并制成了表，他得出结论：亮度高于九等的星每 18 颗中就有一颗双星，南天的观测表明这个结论在那里也适用。

观测双星通常需要在目镜处安装测微计（micrometer）。测微计上有蛛网，能在视野中保持自身平行地移动，能够旋转，这些功能通过精密的标尺实现。观测时，需要使用测微计测量两星的分离角度以及较暗的那颗星（一般被称为伴星）的方位。观测需要持续一段时间，直到伴星绕了一圈或者走过的距离足够长，便可以开始计算轨道了。相对轨道有七个要素——如大小、偏心率、交角——可以用来确定轨道，但是一般情况下没法根据这些信息确定轨道哪侧对着我们。这些轨道和天地平面所成角度各不相同，总的来看，它们是比行星的轨道更扁的椭圆。

天狼星和南河三是两个非常值得关注的目视双星，它们分别属于大犬座和小犬座。它们到我们的距离分别为 8.8 光年和 10.4 光年，都位于距离我们最近的恒星区域，还都具有明显的恒星之间的运动。人们很多年前就发现这两颗星不像单独的恒星那样沿直线运动。它们的运动轨迹是波浪形的，这足以证明它们拥有比较暗的伴星，一边环绕运动一边前行。像人们发现海王星和冥王星一样，人们在观测到那两颗伴星之前就知道它们的存在了。1862 年，人们第一次通过望远镜观测到天狼星的伴星，1896 年，南河三的伴星也被观测到了。

分光双星

　　我们已经知道，很多用肉眼看是一颗的星，在望远镜中看却是两颗，然而还有很多星在最大的望远镜看来也是一颗，却被分光仪区分开了。这意味着若不是环绕轨道的平面正对着我们，那颗星就得有时靠近我们有时远离我们。当它靠近的时候，光谱上的纹路就移向紫色那边；当它远离的时候，纹路又移向红色那边。这便是非常有名的多普勒效应。如果一颗恒星光谱上的纹路反复移动，排除地球公转的因素后，便可以确定这颗星是分光双星（Spectroscopic binary），移动的周期就是旋绕的周期。如果伴星的亮度够大，光谱中也会留下它的纹路。如果两颗星谱型相同，那么两组相似的纹路会以相反的形式反复移动，这导致纹路有时成双，有时为单，后者意味着它们重叠在一起了。

　　北斗星里的开阳是第一颗被辨认出来的分光双星。说起来真是巧，它也是第一颗被发现的目视双星。1889 年，哈佛天文台率先分出这对目视双星里较亮的那颗星的光谱，有些照片里它的光谱是重复的，有些照片中是单的，但是这两颗星无法用望远镜区分开。它们以 20.5 天为周期互相环绕，相隔的距离比天王星与太阳的距离大一点。

　　后来又发现了 1 000 多颗分光双星，有几颗是非常亮的星，比如五车二、角宿一、北河二。五车二是两颗亮度接近的黄色星，周期为102天。角宿一有两颗蓝色星，距离比较近，它们的旋转速率分别是130千米/秒、210千米/秒，周期大约4天。从望远镜中看，北河二是两颗星，其实它们分别是一对分光双星，也就是说肉眼看上去只有一颗星的地方其实有4颗星。这样的双星系统变化多端，有的差不多连在一起，几个小时就绕一周；有的几个月才绕一周，未来被大的望远镜区分为目视双星的可能性很大。

很多双星的光谱有一个共同特点：三条暗纹不会跟着其他纹路变动。它们是夫琅禾费谱线中紫色区域的H和K钙线，以及黄色区域的双D钠线。有的观点认为，这些暗线意味着相应的光传到地球的路上被宇宙中少量的气体吸收掉了。

双星非常多，事实上，大概每4颗星就有一颗双星或聚星。有些天文学家提出一种观点，像太阳这样的单独的恒星反而属于少数。对恒星的本质进行详备的阐述也许能够解释为什么会出现这么多双星。有一种关于双星形成的分体学说引起很多关注，这个学说认为一颗星急速旋转会分裂成两颗，还设想造父双星的脉动是分裂造成的。原来的星分裂成两颗后，就成为距离接近的分光双星。受彼此吸引的浪潮的力量影响，距离和旋转周期可能增大，但不一定会增大到远得成为目视双星的程度。

让我们把这些假设先放一放。双星系统最大的作用是帮我们测量恒星的质量，利用目视双星进行计算十分简单。用视差（单位是秒）的立方乘以周期（单位是年）的平方，除以两颗星的平均距离（单位是弧秒）的立方，结果就是两颗星质量的总和。表示这个质量时通常以太阳质量为单位。我们介绍过，单颗恒星的质量和太阳质量差不多。让我们以后者作为这个法则里质量的和（它要根据双星的类型有所增减），然后算出双星的视差，也叫力学视差，然后就能算出比较准确的距离了。

食双星

有些分光双星距离很近或者运行的轨道以边对着我们，这就是食双星或食变星。英仙座的妖星——大陵五是这类星中最早被发现并且最出名的。这颗星很准时地以 2 天 21 小时为周期变光。如果不借助最精密的仪器，2 天半中大陵五的亮度都看不出变化，然后它会在 5 个小时里渐渐变暗，直到之前亮度的 1/3，接着它会再用 5 个小时恢复之前的亮度。

大陵五有 10 个小时亮度发生明显变化，是因为它和较暗的伴星发生了食。我们可以知道发生的是偏食，因为亮度变暗和恢复紧密衔接。如果是全食，发生全食的时候最小亮度会持续一阵子。如果是环食，也就是前面那颗星完全挡在后边那颗星之前，但不能完全遮挡后边那颗星，也会导致出现最低亮度，不过亮度的减少和恢复也有自身特点。其他的食双星中有这样的例子。

在两次主要的食间隔的这段时间里，亮度也不是稳定不变的，有时候还会变化得很明显，尤其是时间过半，较暗的星被较亮的星食去时。除了食，两颗星还有一个明显变化，就是它们不成球形。一个原因是它们在自转，会使两极变扁，另一个原因是它们向对方起浪潮而变得更长。

要想对食双星的轨道有全面的了解，需要在它们变光的过程中精确地测量光度，还要研究它们的光谱。通过这些工作得到的恒星的形状、大小是非常有价值的。除了大陵五，还有一些变化程度大、容易观测的肉眼可见的明亮的星，如天琴座 β 星、金牛座 λ 星、武仙座 μ 星、天秤座 δ 星。

食星系属于分光双星的特殊情况，它们基本都以轨道的边对着我们。如果从恒星系统的其他区域来看，这些星是没什么变化的，但另外一些我们发现不了变化的双星却在交食并变光。

200...

星 团

星团不是穿行天空的星偶尔的群集，它们是以一定的秩序结伴旅行的星群。星团可以分成两类：疏散星团（Open clusters），也叫银河星团（Galactic clusters），因为它们集中在银河里，以及球状星团（Globular clusters）。

肉眼能够看到几个距离较近的星团里最亮的星。被称为"七姐妹"的昴星团就是个例子。7 颗明亮的星肉眼可见，像一把挂在秋冬夜空上的短柄勺子。如果视力很好，可以看到 9 颗或 10 颗属于这个星团的星，用望远镜能看到更多。昴星团的南侧是毕宿星团，它是明显的疏散星团，同属金牛座。这群星团是指示天牛头部的 V 字的一部分，红色的亮星毕宿五也在这块区域，但它不属于这个星团。

在天空中，疏散星团的成员行动一致。它们中的一部分距我们很近，以至能够明显地观察到它们的运动，我们把它们叫作移动星团（Moving clusters），毕宿星团就是个典型的例子。这群成 V 形的星（不包括毕宿五）和它们附近的星都在向东移动，它们前进的路线不平行，看起来就像许多条向远方汇集的道路，这也意味着它们还会继续远离。上百万年以前，这个星团距离我们大约 65 光年，现在这距离已经增加了 1 倍。近亿年以后，这个星团会到达距离猎户座红色的参宿四不远的地方，缩小成望远镜里一团暗淡的斑点。

我们现在就置身于一个移动星团里，但是太阳不属于这个星团。这个星团一部分在北天，帮助组成北斗星，北斗柄末端的那颗以及指极星上的一颗不属于这个星团。南天的天狼星，以及远远地散落在天空其他区域的亮星，都是这个星团的成员。很多年以后，它们会丢下我们，走得很远，看上去就是疏散星团常见的样子了。

有些疏散星团看起来很像一团雾，典型的例子是被称为"蜂巢"的鬼宿星团。这个星团属于黄道星座的巨蟹座，位于狮子座那把镰刀两边不远的地方。通过一架望远镜就能把这个淡淡的光斑大致分辨成星团。银河里有一块云状的光斑，离仙后的宝座不远，属于英仙座。通过小望远镜能在那里发现两个星团，我们称为英仙座双星团。用望远镜沿着银河顺流而下，还会发现一些漂亮的疏散星团。这些星团中最近的那些看起来也远在银河以外，这一点并不让人意外。后发座星团离银河的北极很近，位于狮子座和牧夫座之间。

疏散星团中没发现有助于测量距离的造父变星或星团变星。事实上，这种星团里还没发现过变星。为了测量这些星团的距离，天文学家找到了别的办法。里克天文台的天文学家特兰勃勒（Trumpler）为100多个星团测了距离和大小。有一个发现让人惊奇，这种星团的直径似乎随它们与地球距离的增大而增长。

这种有体系的发现需要进行解释。我们并不认为地球这么重要，能令星团有规律地向着它排列，这种有规律的增长应该属于观测或计算中的特别情况。在测量距离时，我们一般认为空间是透明的。设想空间里充满了很稀薄的雾，远方的星团的光穿透这些介质会变暗，令星团显得比实际的距离要远一些。为了补足它成的角度，它得更大。这样一修正，就导致越远的星团变得越大。

特兰勃勒做了一个假设，来解释疏散星团距离的增加。假设银河面上有一层厚达几百光年的吸收物，透过它去看一颗距离我们3 000光年的星，亮度会减少50%。这个吸收层对距离银河很远的天体影响不大，但是处于银河面上的疏散星团则会受到不少影响。由此推论，形成银河的星云肯定也会受到影响。隔着这层雾看过去，星云更暗，显得比实际距离更远。在这种误会下，通常被认为直径达20万光年的银河系缩小得只剩三四万光年了。上边的结论是特兰勃勒在研究疏散星团时得出来的，但是还需要仔细推敲。

球状星团

第二种星团包括宏大壮丽的球状星团。这种大星团远离银河集聚的区域,处于我们这个系统的边缘,那里的星很稀少。据推测银河系约有 150 个球状星团,其中约有 20 个还未被发现,麦哲伦云中发现了 10 个。

距离我们最近也最明亮的球状星团有两个,分别是半人马座 ω、杜鹃座 47 号（47 Tucanae）,位于北纬中纬度地区的人并不能看到它们。它们距离我们约 2.2 万光年,呈云状,亮度四等,能够被肉眼看到。通过望远镜能看出它们是由恒星组成的球,并且是稍扁的球,这表明它们在旋转,两极略扁的情况和地球类似。通过长曝光照片发现它们拥有几千颗星,但是由于中心区域过于密集,计算结果不太精确。

位于北纬中纬度地区的观测者可以通过望远镜观测到武仙座大星团 M13,它是这个地区可见的最漂亮的球状星团。夏季傍晚的时候,它会在我们头顶。武仙座像一只蝴蝶,这个星团位于蝴蝶头部和北方翼尖连线的 2/3 处。在适当的时候,肉眼隐约可以看到它,但是用望远镜来看更好,通过望远镜拍下的照片更加壮观。

这个星团远在 3.4 万光年之外,只有一些比较亮的恒星能被观测到,那些亮度不如太阳的星就算拿最大的望远镜也看不到。目前能看到的有 5 万颗,是肉眼可见的星的 20 倍。可以肯定,武仙座星团星的总数达数 10 万。星团里大部分的星位于 70 光年的范围内,最紧密的部分直径大约 30 光年。和太阳周围相比,在同样大的区域里,那里的星多得多。想象一下,要是我们身处这个星团的中心,天空上将多出多少辉煌灿烂的星座!

夏普利分别在威尔逊山和哈佛对球状星云进行研究,得到一些成果。他测算出了基本可信的星团的距离,数值在 2.2 万 ~18.5 万光年之间。这些星团不在银河中间的平面上，而是比较均匀地分布在两旁，这预示着它们和星云系统也存在某些联系。总的来看，球状星云分布的区域直径约 20 万光年，区域的中心在人马座，距离地球大约 5 万光年。假设银河系的大致轮廓是由这些星团绘出的，那么银河系的直径就是 20 万光年，中心就在人马座方向上距离我们 5 万光年处。

银河里的恒星星云

在夏末或秋天的傍晚，处于北纬中纬度地区的人能看到银河最美的样子，它像一条闪闪发亮的光带从东北到西南穿过中天。在没有月亮的晴朗夜间，在没有人造光源污染的地方，它是眼睛所能看到的最令人心动的景色。

让我们把视线投向东北方的地平线，沿着银河逆流而上，先后路过英仙座、仙后座、仙王座，到达北方大十字（天鹅座），初秋傍晚时，这里已经接近天顶。在这里，银河分为两道支流，分别前行直到南十字座。银河大大小小的分支并不意味着银河真的分开了，而是有一些宇宙尘埃遮住了一部分星星，后面我们会详细说说这件事。

天鹅座以南，西侧的支流渐渐变暗，接近地平线时又亮了。东侧支流路过天鹰座时更明亮，之后在盾牌座（Scutum）和人马座汇聚成壮丽的星云。无论是通过望远镜观察还是直接用肉眼看，这一片区域和邻近的蛇夫座、天蝎座都是银河里很显眼的地方。使用短焦距望远镜可以为它拍下细节清晰的照片。巴纳德为这里拍下了十分美丽的照片，此外他为北纬中纬度地区能够观测到的银河的其他区域也拍了照，同样精彩。一部分照片是在威尔逊山使用 10 英寸口径的布鲁斯望远镜拍摄的，其余的是在叶凯士天文台（Yerkes Observatory）拍摄的。

银河进入南方的地平线以下，路过人马座时分支没了，接着又到了距离天球南极很近的南十字座。接着又往北去，像一条宽阔的河流装点我们冬季的夜空。这一段银河不如夏天看到的那段明亮，也没有明显地汇集起来的星云。到了农历十一月，银河会流经两颗犬星和猎户座，然后路过双子座、御夫座，这里已经接近天顶了，接着它会进入英仙座。

我们所看到的银河是银河系里的星云在天空上形成的一圈投影。显而易见，穿过这条光带中心的圆面就是这个扁平状的宇宙系统的主要平面。我们的任务是根据这圈投影绘制一幅银河系的全图。后面我们会谈到描绘这张图的进展，以及天文学家走出银河系边界、探索河外星系的发现。

星云是构成银河系的重要部分，无论它是明是暗。我们首先应该关注银河系里的星云。

第五节　星　云

以前，除了银河里的星云，夜空里那些淡淡的光斑都叫星云。有几个能够用肉眼看到，通过望远镜又发现了更多。赫歇尔氏家族的几位天文学家（包括约翰·赫歇尔、威廉·赫歇尔、卡罗琳·赫歇尔）为很多星云的发现、记录、编排做出了努力。

有一些星云有特别的名字，比如猎户座大星云、北美洲星云、三叶星云（Trifid Nebula）。以前比较亮的星云通常使用梅西耶（由于发现了众多彗星而闻名）制订的 103 星云表的编号来命名。使用小型望远镜观测天空的人很容易把它们误认为彗星，例如仙女座的 M31 星云。不过，现在星云大多用德维尔（Dreyer）新表（New General Catalogue）进行编号。这个星表分为两部分，包括 13 000 个星团、星云。仙女座大星云表示为 NGC223（新表 223 号）。

早期天文学家对于星云到底是什么看法各异。康德（Kant）推测它们应该是很远的星系，即所谓的岛宇宙，就结果来看不算错。威廉·赫歇尔认为它们和恒星不完全相同，可能是发光的流体。拉普拉斯有一个关于星云的著名假说，即太阳系是由气态星云凝聚成的。不过，大型望远镜使得星云是气态的这一观点难以站住脚，越来越多的星云被观测出是由恒星组成的。19 世纪中叶，罗斯爵士使用了当时最大的（之后很多年也是最大的）口径 6 英寸的望远镜，清楚地把云雾似的星云呈现为群聚的星星。

但并非所有的星云都是聚合的恒星。把分光仪应用到天文学领域的先行者、来自英国的哈金斯（william Huggins）证实了赫歇尔的推测，有些星云确实是发光流体。1864 年，哈金斯利用分光仪观察天龙座星云，发现了一种明线纹路，这种光谱属于发光气体。至此才明了，有一部分星云确实是气体的。还有一部分星云拥有类似恒星光谱的纹路，却难以证明是恒星团。总之，星云里还有一些未解之谜。

人们已经能明显地区分银河系里的星团和星云。另外，新发现表明一些曾被误认为星云的天体其实是银河系外的星系。严格来说，银河系内和河外星系内的星云可分为两大类：明亮或暗淡的弥漫星云、行星状星云。

明亮弥漫星云

猎户座大星云是非常有名的明亮弥漫星云。用肉眼看，它是组成猎户猎刀的 3 颗星的中间那颗，位于腰带上比较亮的 3 颗星的南侧。通过望远镜来看，它是大致呈三角形的散发着微光的物体。看起来，这块星云大概是满月的 2 倍大，事实上却是 10 光年之广的大星云。使用大视场透镜长时曝光拍下的照片显示，整个猎户座的大部分都笼罩在一层更暗的星云里。

明亮弥漫星云的另一个突出例子是人马座的三叶星云。粗看起来，可能会以为它分成了三片或更多片，因为它上面有很宽的黑色裂纹。实际上，那是暗星云，它们经常和发光的物质一起出现。昴星团最亮的那几颗星都被星云包裹着，因此，它们的照片更加有趣，不过通过望远镜直接看一般只能看到一些星。通常来说，照片呈现的惊人的星云，即使用最大的望远镜也难以被肉眼完美捕捉。

北美洲星云就是一个例子。它看起来像北美洲，于是来自海德堡的沃尔夫便这样给它命名。它位于天鹅座十字顶上明亮的星附近，在照片中它很耀眼。这个星座里还有一团卵形的环状星云在膨胀，这引发了一种猜测：恒星爆炸导致了这种情况。果真如此的话，如果它的膨胀率没有发生过改变，那么这个新星的剧烈的爆炸是 10 万年前发生的。这个环里最明亮的部分分别叫网状星云和丝状星云，它们的结构和名字相符。

上面介绍的都是典型的明亮弥漫星云，通过望远镜尤其是摄影发现了很多这种星云。它们多位于银河里和银河附近，外银河系也有。其实，目前已知的最大的这种星云——大麦哲伦云就在银河外。被叫作剑鱼座 30 号（30 Doradus）的星云直径超过 100 光年。

弥漫星云是气体和微尘汇集的非常大的云，它们的很多特点都让我们联想到彗星的尾巴。星云里的物质非常稀薄，甚至比实验室制造的真空环境的密度还小，因为它们云层非常厚，我们才能看到。如果我们就住在北美洲星云里，我们日常根本感觉不到它存在。

星云的光

星云为什么能发光？首先可以肯定，如此稀薄的物质绝对不能热得发光。这个问题困扰了天文学家很多年，后来哈勃（Hubble）找到了答案。他在威尔逊山通过大反射望远镜对星云做了很多研究，认为星云的光源自附近的恒星。基本上每种星云的光都和附近的或星云中的恒星有关，并且，相关的恒星亮度越大，星云发光的范围也越大。但是，不能说星云的光就是简单地反射星光，有一部分星云不是这样的。

借助分光仪，我们发现星云的光和相关的恒星存在有趣的关系。除了最热的星，其他星的光和附近的星云的光是相似的，它们具有相同的暗线光谱和相同的暗线纹路。昴星团周围的星云便是如此。但是，猎户座大星云和其他邻近的最热的星的星云发出的光不具有这个特征，它们的光谱呈现为明线纹路，与恒星光谱差别很大。这些发现意味着什么？

对于前一种星云，天文学家看法不一，有人认为那些星云就是在简单地反映星光。可是，具有明线光谱的星云发出的光肯定不是星光，不过有关的恒星依然是光的源头。这不由得令人想起极光，极光也不是反射的阳光。彗星的光也存在这类情况。我们认为猎户座星云及同类星云发出的光与极光相似，发光是由于附近很热的星的影响。

星云光谱上的明线困扰了天文学家很多年。这些线有一部分来自熟悉的氢、氦元素，这没什么可怀疑的，也不神秘，但是还有一部分线从没在实验室里见到过。莫非星云里具有地球上没有的元素？于是，人们暂时称这种元素为氞（nebulium）——就像以前因太阳而把一种新元素命名为氦一样，氦先从太阳光谱里被发现，后来证实地球上也有。但是，氞不是真的存在的元素。星云光谱上特殊的明线源自处于特别环境下的常见的氧、氮元素，这种特别的环境实验室还没法模拟。这个特别的明线的谜团到此就解开了。

行星状星云

行星状星云和行星没什么共同点，之所以叫这个名字是因为通过望远镜观测时它们显示为椭圆的平面。行星状星云是扁球形的物质，比行星大多了，甚至比整个太阳系都大。自转导致它们变扁，分光仪可以证实这一点。但是，也有一些看上去是正圆形的，显然，这是因为它们的自转轴基本上正对着地球。它们的自转周期长达成千上万年。

目前已经知道1000多个行星状星云。它们的实际大小应该差不多，但是距离的不同让它们看起来有大有小。距离我们最近的应该是宝瓶座螺旋星云NGC7293，看上去大概有满月的1/3多一点。最远的那些在望远镜里很难和恒星区分开，不过分光仪能认出它们。

行星状星云的明暗情况各有特点。大熊座的枭星云离我们最近，所以用望远镜看来也最大，它之所以叫这个名字是因为有两块像枭的眼睛似的黑斑。哑铃星云位于狐狸座，椭圆形长轴的两端是暗的（这种情况比较常见），看起来很像哑铃。有一个行星状星云像带有光环的土星，不过光环的边对着我们。有些行星状星云有同心环，还有一些有厚环，圆面的中间被遮挡而发暗。

使用中等望远镜能观测到的最美丽的星云是天琴座的环状星云。它位于天琴座南部的食变星 β 和其邻居 γ 之间，用肉眼或小型望远镜是看不到的。使用更大的望远镜观测，它像一块扁扁的发光的小饼。通过照片观察，这个星云的环结构复杂，环中间有一颗星。这颗蓝色的星是行星状星云共有的特征，几乎没有例外，很显然，它就是星云的光源。

我们现在还不了解行星状星云和其他天体存在什么关系。我们大概可以假设它们和新星有一些相似的地方，新星和行星状星云都明显地往银河地区集中。新星发展到最后阶段几乎和行星状星云中间的星一样，一些新星周围也包裹着气体。1918 年观测到天鹰座出现新星爆发，这颗新星就包裹着云状的物质，这些物质以每天 5 000 英里的速率膨胀。

暗星云

我们知道，星云的光来自附近的恒星。要是没有那样的星，星云就不会发光，得等到它们遮挡更亮的物质，才能被我们注意到。暗星云主要集中在银河，这一点和银河系其他明亮星云一样。这个情况对观测很有利，有了那条明亮的光带，就能很容易地发现暗星云。

银河里最明显的留白是那条黑暗的裂隙，大约从北十字延伸到南十字，把天上银河的1/3 分割成两条平行的支流。北十字北侧有一条很容易发现的横向裂纹。南十字旁边有一个和它差不多大的黑斑，黑斑里只能看到少量星星。很久以前，古代水手把这些明亮星云上的黑块称作煤袋。

到 20 世纪 30 年代时，人们还普遍认为银河里黑暗的地方是空隙，认为通过它们看到了遥远的黑暗空间。但是这种观点并不能令人满意。假设星云非常厚，这些空隙简直就是地道。那么，地道为什么会对着地球？这个问题很难回答。此外，它们四周的星群都在运动，为什么它们一直不动呢？来自叶凯士天文台的巴纳德较早提出一个观点，即这些暗处是黑暗的尘云。

仔细查看那些很容易就能找到的美丽的银河照片，就能意识到暗云数量多么多、形状多么复杂。这条闪光的河流到处都是吸引人的谜团。蛇夫座那片区域很特殊，存在一些独特的形状。大部分暗云都在银河系里，距离地球几千光年。也有一些在河外星系，后面会提到。

和亮星云一样，暗星云也是气体和尘埃组成的云，其中可能有大块的固体。彗星和流星群具有相仿的构造。确实有人提出过这样的观点：围绕太阳运行的彗星和流星是几百万年前太阳系路过某块暗云时带出来的。

星云假说

过去人们把宇宙演化的理论看得很重要，那时大家认为星云是宇宙的原始的材料。但是没有人能解释星云从哪里来。星云是原始的混沌，有秩序的恒星、行星都从这里诞生。200多年前，哲学家康德率先提出一种星云假说。他把星云当作第一阶段，认为星云是不能从其他物体转化而来的最原始的形态。康德认为，演化是由简到繁的过程，这个观点影响了后来的很多学说。拉普拉斯专门研究了太阳系的发展，他的星云假说阐释了宇宙演化，是最有名的相关假说。

到了20世纪，人们还基本认为恒星是由明亮弥漫星云（如猎户座大星云）凝聚形成的，而且普遍认为星的不同颜色代表不同的年纪。年幼的星温度最高，所以是蓝色的。它们慢慢变老、收缩就变成太阳这样的黄色星。到了老年温度更低，就成了红色的。它们慢慢变红变暗，最后失去光芒。这个经典的假设并不完美。我们感到疑惑：为什么温度最高的星是温度很低的星云的下一阶段？但是蓝色星和明亮弥漫星云联系密切，似乎能够证明它们都年轻，例如昴星团里的蓝色星就被星云包裹着。不过，如今我们知道了星云和星的联系意味着什么，星云的光来自附近高温的恒星。

过去关于恒星演化的学说阐述了一条单一的路线：稀薄的星云最终成为又密又暗的星。1913 年，罗素提出蓝星变成红星有两种路线：一种包括比太阳更大更亮的巨星和超巨星，这里红色星指的是那些最大最稀疏的；另一种包括比较小的主序星（例如太阳），这里红色星越红就越小越紧实。为了阐述这种新观点，出现了新的恒星演化学说，并一度流行。新学说认为恒星是暗星云凝聚成的，一开始是很大的红星，温度低、表面不亮，但是由于体积太大反而成为看上去很亮的星。随着时间流逝，这种星逐渐变小。有一段时间它们收缩产生的热量比散发出去的热量多，于是它们越来越热，从红色变成黄色，又变成蓝色。接着收缩变慢了，产生的热量小于损失的热量，星的温度降低，从蓝色变成黄色，又变成红色，直到不再发光。

以上介绍的学说都以星云作为开始，以暗星作为结束，并且两种学说的重点都是收缩。看这些学说时，我们要考虑将来某个时期是否星云和星都会消失。但是我们也该意识到，这个学说很复杂很难，探讨的是前沿问题。宇宙的演变很缓慢，追踪起来非常难，我们缺乏证明恒星在收缩的证据。

接下来，让我们把眼光从宇宙的过去和未来转到当下。恒星和星云汇集成广大的银河系，这是需要我们探索的对象。

第六节 银河系

我们在上文介绍银河时提到了星云，如人马座大星云，它的中心距离我们超过 5 万光年，另外还提到了更小更近的盾牌座星云。夏普利认为这些星云其实是星系，即恒星和星云的集合。它们的平均直径约为 1 万光年，有些很小，有些却大三四倍。

太阳所在的星系是银河系。银河系中等大小，非常扁。星座里肉眼可见的明亮的星、中等望远镜能观测到的几百万颗星中的大部分、很多疏散星团、沿着银河密集排列的或明或暗的星云，都属于银河系。从众多星系的其他位置来看，银河系也是一团星云。银河系里有 2 000 多亿颗恒星，太阳是极普通的一颗；银河系的中心远在 300 光年以外、南天的船底座（Carina）方向。

这些星云基本都汇集在一个平面中，处于银河系这个超级系统里。过去的 200 多年里，天文学家尝试准确测出这个系统的大小和形状。这个系统最大的特点就是我们在天上见到的银河，但是由于我们身处这个系统之中，测定工作显得很难，要是我们能在系统之外看一眼，就简单多了。过去，这个困难更巨大，不久之前我们还没法测出远在环绕我们的天体之外的天体的距离。

有两种方法可用于研究银河系的构成。一个是在天上划出大小相同的若干区域，统计每个区域有多少星，得到的数据可用于研究。威廉·赫歇尔是第一个使用这种方法的人，他清点了望远镜能看到的整个天空上 3000 多个区域的星星。如果某个方向星星多，那么那个方向的星星就分布得更广阔，赫歇尔就这样得出了结论，他指出银河系像一个磨盘，轴垂直于银河平面，按照当时使用的比例尺来算，直径为 6 000 光年。赫歇尔得出的系统还是太小了，他使用的 19 英寸口径的反射望远镜只能看到比较近的星星。这是人类第一次有计划地尝试测量银河系。后来，这种方法又使用过很多次，望远镜水平和探索方法也有所进步，现在，这种方法用于研究天空某个区域的照片。1928 年，西尔斯（Seares）宣布了一些新发现，他来自威尔逊天文台。

测量整个系统里每处物体的距离是研究银河系构成的第二种方法。显然，如果我们能知道银河系各处的方向和距离，就能照着它的形状和大小建造一个模型。我们已经讲过，我们能测量造父变星的距离，无论它出现在哪里，幸好，这种能帮上忙的星遍布银河系。有了造父变星的帮助，再加上一些天文学家想出的新办法，对银河系的探索进展很快，哈佛天文台和许多位于其他地方的天文台都在从事这项工作。目前我们对整个银河系的大小和形状有了较完整的认识，但是人们的意见没有完全统一。

我们在前面介绍过球状星团这种比较可靠的模型。对银河的平面来说，它们的分布是对称的，划分出的空间直径超过 20 万光年。如果把球状星团标示的范围当作银河系的外轮廓，那么银河系的直径也有 20 万光年，中心位于人马座大星云。

很多河外星系是旋涡状的，因此，我们设想银河系也是旋涡状的。如果这个假设成立，人马座星云就正处于旋涡核心和各旋臂连接的位置。太阳系仅仅是一条旋臂上的一个小体系，大概处于银河系中心到边缘的中间位置。

通过观测人们发现银河系也在旋转，正如远方的旋涡星云一样。我们处于这个旋转的系统里，所以也在用每秒 320 千米的速度向仙王座移动。有人认为银河系是单独旋涡星系，上述发现刚好可以作为佐证。但是，如果真的是这样，它就会成为已知星系里最大的那个，比其他星系里最大的还大上 5 倍，这实在没法让人信服。

大麦哲伦云和小麦哲伦云距离银河很远，但是和很多球状星团相比，又近多了。它们接近南天极，北纬中纬度地区的人没法在地平线以上看到它们。大麦哲伦云直径约 1 万光年，距离我们 8.6 万光年。小麦哲伦云直径 6 000 光年，离我们更远，距离 9.5 万光年。它们是天上能被肉眼看到的两块光斑。通过望远镜观测，能发现它们中有恒星、星云、星团，还有其他我们熟知的成员。它们的大小和银河里的星云差不多。如果它们在银河的平面上，就会和银河的星云混为一团，让我们无法区分。通过它们的运动可以推测，它们和银河系在同一个星系群里。

在赫歇尔开始大举研究天空的 20 多年前，英国的莱特（Thomas Wright）提出一种观点，即银河系的外形像扁平的盘子。1755 年，哲学家康德发表了一种更进步的观点，他猜测星云是离银河很远的星系，他依据这种假想把它们称作岛宇宙。当时人们还没有办法测出这些天体的距离，所以无法证明或否定这种假说。

以前被称为星云的混沌物体，有些已经被证明是星团，其余的可以分为两种：第一种在向银河汇集，它们属于银河星云，也可以说是真正的星云，这些已经在前面介绍过；第二种遍布天空，但是银河附近看不到，因为它们被暗星云和银河里其他物质遮住了，这些星云就是包括旋涡星云在内的河外星云。

1923 年，哈佛的夏普利得到了关于河外星系的可信的认识，开启了认识河外星系的新阶段。夏普利证明，天文学家很熟悉的 NGC6822 星云比银河系的所有成员都遥远得多。于是，至少人们证实了一个岛宇宙。这个星云和麦哲伦云类似，距银河系 62.5 万光年。

接着，赫伯尔成功地给距离我们最近的旋涡星云里的单颗恒星拍下照片，这是新的进展。赫伯尔使用威尔逊山口径 100 英寸的望远镜为这些恒星拍照，从中发现了造父变星，于是可以测算造父变星的距离，从而得到它们所在的星云的距离。为了获得研究成果，必须经常给旋涡星云拍照，来找出造父变星的周期。赫伯尔用上述方法进行研究，并于1925年宣布旋涡星云是遥远的河外星系。

旋涡星云中最亮的当属仙女座大星云，它是唯一一个能被肉眼清楚看到的旋涡星云。熟悉飞马座那个大正方形的人，很容易在秋冬夜晚发现仙女座大星云。人们把飞马座正方形想象成勺子，勺子柄指向东北。勺子柄的第二颗星的东北方，有一个长长的暗淡光斑，那就是仙女座大星云。通过望远镜也不好分出它的结构，但是照片却能清楚地显示出来。它是一个扁平的旋涡状星云，以15°角向我们倾斜，明亮的核心周围有一些黑暗的区域。仙女座大星云距离我们约80万光年，是巨人星系。

在相邻的三角座，有距离我们最近的旋涡星云M33，但是肉眼几乎看不到它。虽然它比仙女座大星云近5%，但是更小、更暗，直径为1.5万光年。三角座旋涡星云基本用平面对着我们，所以构造很清楚——在同一个平面上，从核心的反方向伸出分支并往同一个方向弯曲。

100英寸口径的望远镜能够观测到的河外星系约200万个，多为旋涡星云，距离范围从不足100万光年到1.5亿光年。旋涡星云的平均直径从5 000光年到1万光年不等，直径取决于它们盘曲得是否紧密。它们面对我们的角度也不同：有些用面对着我们，例如北斗星附近猎犬座里的旋涡星云；有的用边对着我们。

用边对着我们的旋涡星云看上去很像纺锤。这类星云有个特点：有一条暗带沿着纺锤分布，有时看起来像要把纺锤一分为二。旋涡星云中间的暗带会让我们想起银河系里的黑暗尘云，特别是银河里那条长长的裂隙。使用分光仪研究发现，这些不同程度地用边对着我们的星云都在转动，和我们根据扁平结构做出的推论相符。仙女座旋涡星云核心的旋转周期长达1 600万年。

河外星系不都是旋涡状的。有些河外星系像麦哲伦云；还有椭圆星云，它们的平面有的接近正圆，有的是扁扁的椭圆形，其中最扁的拉得很长，像个侧边对着我们的双重凸镜。

银河系也会像恒星似的和其他星系聚成一群，即本星系群。目前已知 40 个星系群，有些只包含几个星系，有的包含几百个星系。室女座附近发现了一些例子。哈佛天文台研究过半人马座大星系群，发现了一些能够媲美仙女座大星云的巨人星系。天文学家曾经以为飞马座里有一群和本星系群相似的星系。

在发现河外星系存在以后的几年，人们对它们的认识增加了不少，但未知的依然很多。探索恒星时提出的问题在星云上再次出现了。围绕着我们的星辰都汇集在银河系里，于是出现一个假设：银河系以及本星系群也汇集在一个更大的群体里，那是一个超级系统。

研究河外星系时，我们有很多引人注意的发现，其中一个令人惊讶，那便是它们远去的速度。这个发现源自它们的光谱，是根据光谱线的移动推测出来的。去掉我们自身运动造成的影响，河外星系远离我们的速率依然很大，并且距离越大速率越大。威尔逊山的天文学家发现一个位于大熊座的暗淡星系在以每秒 1.1 万千米的速率远离我们，等分光仪可以观测到更远的星系时，其远离的速度肯定更快。

爱因斯坦提出过一个观点：空间没有物质便是无限的，有了物质就有限了；宇宙里的物质越多，空间半径越小。有的科学家认为，宇宙中的物质的总量在不断减少。他们提出一种假设：恒星为了能够持续辐射能量而减少质量。如果这种假设属实，单单太阳每秒钟损失的质量就有 250 万吨。按照上述理论，质量减少，空间就膨胀了。比利时的勒梅特（Lemaitre）给出了一个关于宇宙膨胀的公式。在这种公式里，远处的物体肯定会快速离我们而去，这一点符合已知的河外星系的情况。[1]

---

[1] 历史上出现过多种关于宇宙起源的假说，随着人类对宇宙认识的加深，相关学说不断得到修正，目前被广泛接受的是宇宙大爆炸说，但是它也不完美。现在还没有一种学说能够彻底解释宇宙的起源和发展，人类仍需不断地探索。——编者注

ASTRONOMY
FOR
EVERYBODY